面向对象开发技术实验指导

何 伟 董国庆 潘 丽 主编

山东大学出版社
SHANDONG UNIVERSITY PRESS
·济南·

图书在版编目(CIP)数据

面向对象开发技术实验指导 / 何伟,董国庆,潘丽
主编. —济南:山东大学出版社,2022.12
ISBN 978-7-5607-7752-8

Ⅰ. ①面… Ⅱ. ①何… ②董… ③潘… Ⅲ. ①面向对
象语言－程序设计－教材 Ⅳ. ①TP312

中国国家版本馆 CIP 数据核字(2023)第 002230 号

责任编辑　祝清亮
文案编辑　曲文蕾
封面设计　王秋忆

面向对象开发技术实验指导

MIANXIANG DUIXIANG KAIFA JISHU SHIYAN ZHIDAO

出版发行	山东大学出版社
社　　址	山东省济南市山大南路 20 号
邮政编码	250100
发行热线	(0531)88363008
经　　销	新华书店
印　　刷	山东蓝海文化科技有限公司
规　　格	787 毫米×1092 毫米　1/16
	11 印张　234 千字
版　　次	2022 年 12 月第 1 版
印　　次	2022 年 12 月第 1 次印刷
定　　价	39.00 元

前　言

　　面向对象的软件开发技术是当前最重要的程序设计思想与方法,是一整套关于如何看待软件系统与现实世界的关系、以什么观点来研究问题并进行求解,以及如何进行系统构造的软件开发方法。面向对象开发技术在计算机学科中产生了巨大的影响,在产业界有着广泛应用,已经成为互联网应用、企业级应用、移动应用等大多数领域主流的开发技术。新兴的基于构件开发、微服务架构、容器技术、面向切面编程等技术都以面向对象为基础。

　　本书是为了配合面向对象开发技术课程的实验教学而编写的,旨在帮助学生深刻理解面向对象开发技术教学内容,掌握面向对象设计的方法与技巧。通过一系列案例学习和动手实验,学生能够使用面向对象编程语言独立进行系统分析、设计、编程和调试,掌握中小型软件项目开发的过程和方法,培养和加强分析与解决问题的能力。

　　本书是以面向对象开发技术实验实践为内容主线来组织编写的,是一本含有面向对象概念和机制的独立完整的教材,并非针对或依附于特定的面向对象开发技术理论教材,完全可以作为一本独立的教材。本书包括以下模块:

　　第1章:面向对象方法概述,总结了面向对象开发技术的核心内容,包括面向对象思维及核心概念、面向对象设计原则、面向对象建模方法等。

　　第2章:面向对象编程实验,结合封装、继承、多态、重载、反射、接口等面向对象核心概念,设计若干个编程题目和实验案例,使学生在具备了基本的编程基础和能力之后,能够更深刻地理解面向对象程序设计的思想、原理和内涵,能够写出高质量的程序。

　　第3章:面向对象开发综合实验,通过若干个相对复杂、独立的题目,帮助学生在实验过程中全面、系统地熟悉面向对象编程思想和设计技术。本部分要求学生分析、设计一个相对完整的应用,并使用面向对象编程语言进行实现。综合实验可以采用项目小组的形式,也可以个人独立完成,结合具体的题目,按照实验内容的要求进行设计、开发,并保存相应的文档。

　　第4章:面向对象分析建模实验,以面向对象分析和前期设计为主,通过若干个建模案例和实验题目,帮助学生掌握利用统一建模语言(UML)和工具建立小型面向对象开发系统的方法,训练学生独立思考和系统分析的能力。

本书以具备编程基础的计算机科学与技术、软件工程等相关专业的中、低年级本科生为目标读者,辅助提升面向对象技术课程的教学效果,通过融合课程团队在长期教学、实践中的积累和理解,使学生不但能够深刻理解面向对象技术的内涵,而且能够将面向对象的思想体现到系统分析和程序设计中,为后续学习系统分析和软件设计打下良好的基础。

本书得到了山东大学高质量教材出版资助项目的资助,在此表示感谢。

由于时间和编者水平所限,本书难免存在不足之处,其中的实验课题安排和设计可能不是最优的,恳请读者多提宝贵意见。

编　者

2022 年 8 月

目　录

第1章　面向对象方法概述 ………………………………………………… 1

1.1　面向对象编程思想 ……………………………………………… 1

1.2　面向对象核心概念 ……………………………………………… 2

　1.2.1　对象 …………………………………………………… 3

　1.2.2　类 ……………………………………………………… 3

　1.2.3　方法 …………………………………………………… 4

　1.2.4　消息 …………………………………………………… 4

　1.2.5　封装 …………………………………………………… 4

　1.2.6　继承 …………………………………………………… 4

　1.2.7　多态 …………………………………………………… 5

　1.2.8　重载 …………………………………………………… 5

　1.2.9　动态联编 ……………………………………………… 5

1.3　面向对象设计原则 ……………………………………………… 5

　1.3.1　开闭原则 ……………………………………………… 6

　1.3.2　里氏替换原则 ………………………………………… 6

　1.3.3　依赖倒转原则 ………………………………………… 7

　1.3.4　合成复用原则 ………………………………………… 7

　1.3.5　迪米特法则 …………………………………………… 8

　1.3.6　接口隔离原则 ………………………………………… 8

　1.3.7　单一职责原则 ………………………………………… 8

1.4　面向对象设计模式 ……………………………………………… 9

　1.4.1　设计模式的概念 ……………………………………… 9

　1.4.2　创建型模式 …………………………………………… 10

　1.4.3　结构型模式 …………………………………………… 11

1.4.4　行为型模式 ·· 11

1.5　面向对象建模 ·· 13

1.5.1　UML 概述 ··· 13

1.5.2　静态视图 ··· 14

1.5.3　用例视图 ··· 16

1.5.4　状态机视图 ··· 17

1.5.5　活动视图 ··· 17

1.5.6　交互视图 ··· 18

1.5.7　模型管理视图 ··· 20

1.5.8　实现视图 ··· 20

1.5.9　部署视图 ··· 21

第2章　面向对象编程实验 ······································· 23

2.1　实验说明 ··· 23

2.1.1　实验目标 ··· 23

2.1.2　实验环境 ··· 23

2.1.3　考核方式 ··· 24

2.2　面向对象编程实验题目 ····································· 24

实验题目 1：类的定义 ··· 24

实验题目 2：对象数组 ··· 25

实验题目 3：继承与派生 ······································· 26

实验题目 4：组合与封装 ······································· 27

实验题目 5：equals()方法重置 ································· 28

实验题目 6：继承复用与组合复用 ······························· 28

实验题目 7：利用反射执行类的方法 ····························· 29

实验题目 8：替换原则的应用 ··································· 32

实验题目 9：多态性质的应用 ··································· 32

实验题目 10：面向接口编程 ···································· 33

实验题目 11：单例模式的应用 ·································· 35

实验题目 12：适配器的应用 ···································· 36

实验题目 13：责任链的应用 ···································· 37

实验题目 14：观察者模式的应用 ································ 40

实验题目 15：桥接模式的应用 ·································· 41

实验题目 16：策略模式的应用 ·································· 42

2.3　面向对象编程示例 ┈┈┈┈┈┈┈┈┈┈┈┈┈┈┈┈┈┈┈┈┈┈┈┈┈┈ 43

　　2.3.1　类声明和对象创建 ┈┈┈┈┈┈┈┈┈┈┈┈┈┈┈┈┈┈┈┈ 43

　　2.3.2　面向接口编程示例 ┈┈┈┈┈┈┈┈┈┈┈┈┈┈┈┈┈┈┈┈ 48

　　2.3.3　单例模式应用示例 ┈┈┈┈┈┈┈┈┈┈┈┈┈┈┈┈┈┈┈┈ 52

　　2.3.4　抽象工厂模式应用示例 ┈┈┈┈┈┈┈┈┈┈┈┈┈┈┈┈ 58

　　2.3.5　装饰模式应用示例 ┈┈┈┈┈┈┈┈┈┈┈┈┈┈┈┈┈┈┈┈ 62

　　2.3.6　适配器模式应用示例 ┈┈┈┈┈┈┈┈┈┈┈┈┈┈┈┈┈┈ 65

　　2.3.7　代理模式应用示例 ┈┈┈┈┈┈┈┈┈┈┈┈┈┈┈┈┈┈┈┈ 68

第3章　面向对象开发综合实验 ┈┈┈┈┈┈┈┈┈┈┈┈┈┈┈┈┈┈┈┈ 72

3.1　实验说明 ┈┈┈┈┈┈┈┈┈┈┈┈┈┈┈┈┈┈┈┈┈┈┈┈┈┈┈┈┈┈ 72

　　3.1.1　实验目标 ┈┈┈┈┈┈┈┈┈┈┈┈┈┈┈┈┈┈┈┈┈┈┈┈┈ 72

　　3.1.2　实验环境 ┈┈┈┈┈┈┈┈┈┈┈┈┈┈┈┈┈┈┈┈┈┈┈┈┈ 72

　　3.1.3　实验基本要求 ┈┈┈┈┈┈┈┈┈┈┈┈┈┈┈┈┈┈┈┈┈┈ 73

　　3.1.4　考核方式 ┈┈┈┈┈┈┈┈┈┈┈┈┈┈┈┈┈┈┈┈┈┈┈┈┈ 73

3.2　实验题目 ┈┈┈┈┈┈┈┈┈┈┈┈┈┈┈┈┈┈┈┈┈┈┈┈┈┈┈┈┈┈ 73

　　实验题目1:九宫格游戏 ┈┈┈┈┈┈┈┈┈┈┈┈┈┈┈┈┈┈┈┈ 73

　　实验题目2:Solitaire 纸牌游戏 ┈┈┈┈┈┈┈┈┈┈┈┈┈┈ 74

　　实验题目3:猜数字游戏 ┈┈┈┈┈┈┈┈┈┈┈┈┈┈┈┈┈┈┈┈ 74

　　实验题目4:五子棋游戏 ┈┈┈┈┈┈┈┈┈┈┈┈┈┈┈┈┈┈┈┈ 75

　　实验题目5:打字游戏 ┈┈┈┈┈┈┈┈┈┈┈┈┈┈┈┈┈┈┈┈┈┈ 75

　　实验题目6:媒体播放器 ┈┈┈┈┈┈┈┈┈┈┈┈┈┈┈┈┈┈┈┈ 75

　　实验题目7:火车票售票系统 ┈┈┈┈┈┈┈┈┈┈┈┈┈┈┈┈ 75

　　实验题目8:送餐管理系统 ┈┈┈┈┈┈┈┈┈┈┈┈┈┈┈┈┈┈ 75

　　实验题目9:仓库管理信息系统 ┈┈┈┈┈┈┈┈┈┈┈┈┈┈ 76

　　实验题目10:住院管理信息系统 ┈┈┈┈┈┈┈┈┈┈┈┈┈ 76

　　实验题目11:小型网上书店管理系统 ┈┈┈┈┈┈┈┈┈ 76

　　实验题目12:共享单车管理系统 ┈┈┈┈┈┈┈┈┈┈┈┈┈ 76

　　实验题目13:宾馆管理系统 ┈┈┈┈┈┈┈┈┈┈┈┈┈┈┈┈┈ 76

　　实验题目14:物业管理系统 ┈┈┈┈┈┈┈┈┈┈┈┈┈┈┈┈┈ 77

　　实验题目15:单词频率统计系统 ┈┈┈┈┈┈┈┈┈┈┈┈┈ 77

　　实验题目16:排序算法包 ┈┈┈┈┈┈┈┈┈┈┈┈┈┈┈┈┈┈ 77

3.3　优秀实验节选 ┈┈┈┈┈┈┈┈┈┈┈┈┈┈┈┈┈┈┈┈┈┈┈┈┈┈ 77

　　3.3.1　猜数字游戏 ┈┈┈┈┈┈┈┈┈┈┈┈┈┈┈┈┈┈┈┈┈┈┈ 77

　　3.3.2　Solitaire 纸牌游戏 ┈┈┈┈┈┈┈┈┈┈┈┈┈┈┈┈┈┈ 91

3.3.3　媒体播放器 ··· 118

第 4 章　面向对象分析建模实验 ································· 136

  4.1　本章实验说明 ··· 136

    4.1.1　实验目标 ··· 136

    4.1.2　实验环境 ··· 136

    4.1.3　实验基本要求 ··· 137

    4.1.4　考核方式 ··· 137

  4.2　实验题目 ··· 137

    实验题目 1：POS 系统分析与设计 ······························· 137

    实验题目 2：健康管理系统分析与设计 ···························· 138

    实验题目 3：大学讨论班管理系统分析与设计 ······················ 139

    实验题目 4：图书管理系统的分析与设计 ·························· 139

    实验题目 5：网上购物系统的分析与设计 ·························· 140

    实验题目 6：局域网协同办公系统分析与设计 ······················ 141

    实验题目 7：银行柜员等级考核系统分析与设计 ···················· 142

    实验题目 8：多终端车辆监控管理系统分析与设计 ·················· 143

    实验题目 9：茶庄(TeaStall)管理系统分析与设计 ·················· 144

  4.3　优秀实验示例 ··· 145

    4.3.1　POS 系统分析与设计 ······································ 145

    4.3.2　健康管理系统分析与设计 ··································· 152

    4.3.3　大学讨论班管理系统分析与设计 ····························· 160

参考文献 ··· 168

第1章　面向对象方法概述

面向对象的编程思想起源于 20 世纪 60 年代,直到 20 世纪 80 年代,面向对象编程(OOP)语言才真正引起人们的普遍关注。到 20 世纪 90 年代,面向对象开发技术进入发展高潮,面向对象思想、技术和工具从编程语言领域延伸到软件工程的全生命周期,在这个过程中,面向对象技术几乎改变了计算机科学的各个方面。直到现在,面对日趋复杂的软件需求,面向对象开发技术依然是当前最主流、最重要的软件开发方法。

本章对面向对象方法进行了介绍,从面向对象的编程思想、核心概念、设计原则、设计模式、建模等方面进行了总结和提炼,更为详细的内容和示例读者可参考相应的面向对象方法理论教学书籍。

1.1　面向对象编程思想

面向对象方法的思维特点是按照人们通常的思维方式建立问题领域的模型,设计出尽可能自然地表示求解方法的软件,强调从现实世界的问题空间(物质、意识)到虚拟软件世界的解空间[对象(object)、类(class)]的直接映射。心理学研究表明,我们可以把客观世界看成是由许多对象构成的。面向对象方法非常容易被理解,将问题域建模为以对象为核心的模型能够更加自然地反映现实问题,使得问题解决方法更具有针对性,解决方案更易于被理解和接受。

面向对象方法为技术人员提供了一种行之有效的解决问题的抽象方法,其适用范围非常广,从最细微的问题到最复杂的项目,都可以通过面向对象方法来解决。在使用面向对象方法进行开发的过程中,系统是围绕着对象组织的,每个对象实现其功能的能力、实现其功能所需的"知识"或数据被"封装"(encapsulation)在对象之中;系统的运行是通过对象间的消息传递和协作实现的,而抽象(abstract)、封装、继承(inheritance)、多态(polymorphism)等面向对象的核心概念也正是人类认识现实世界的思维方式的映射。

面向对象方法具备明显的优势,每个对象责任明确,并且维护了各自实现任务所需的数据,这也便于人们理解这些单元是如何相互影响的。利用面向对象方法开发的软件也具有很好的可维护性、可扩展性和可重用性。

面向对象方法的基本要点包括:

(1)任何事物都是对象,对象有属性和方法。复杂对象可以由相对简单的对象以某种方式构成。

(2)通过类比发现对象间的相似性,即对象间的共同属性,这是构成对象类的依据。

(3)对象间的相互联系是通过传递"消息"(message)来完成的。系统通过对象之间的消息传递来驱动对象执行一系列的操作,从而完成某一项任务。

面向对象编程的一个基本概念就是用对象的责任来描述行为,通过责任来讨论、分析和设计对象,使得对象之间更加独立,这正是解决复杂问题的关键。在面向对象框架中,我们从来不提内存地址、变量、赋值或者任何传统编程术语,而经常谈及对象、消息和某种行为的责任。面向对象的程序被划分为一组通信的对象,每个对象均"封装"了关于某个概念的所有行为和信息,实现功能的能力、所需的"知识"或数据都被"封装"在对象之中。当一个对象对其他对象有需求时,就向该对象发出消息,这个对象接收到消息后会做出相应的动作,并将返回值返回给需求者。这样,我们就拥有一组行为规范的对象,各个对象之间通过礼貌地要求对方来实现各自的愿望。

由此,进行面向对象编程前,通常要先创建几个对象,然后让这些对象通信。这种面向对象编程的观点,就是给对象分摊工作和责任。这对我们而言是十分熟悉的,因为现实中人类也采用这种交互方式。例如,一位企业主并不需要对所有的事情亲力亲为,只需要将任务分配给雇员,每位雇员不仅要完成给定的任务,而且还得负责维护和该任务相关的数据,比如秘书不仅需要负责打印文件,也要负责将文件存放在合适的档案柜中;如果文件中存放的是机密数据,秘书也要负责保护这些文件,负责允许或拒绝他人查看文件。在秘书工作的过程中,他可能还需要办公室内外其他人员的帮助。

1.2　面向对象核心概念

艾伦·凯(Alan Kay)被人称为"面向对象编程之父",他于 1993 年提出了面向对象编程的基本特征:

(1)任何事物都是一个对象。

(2)通过请求其他对象执行一定的行为来完成计算。对象之间通过发送和接收消息进行通信。消息是指对特定行为的请求,包含完成这项任务所需的参数。

(3)每个对象都是一个类的实例,类用来代表一组相似的对象,如整数、链表等。类可以看作存储仓库,用来保存与某一个对象相关的行为。也就是说,同一个类的多个对象能够执行相同的行为。每个对象都有自己的存储空间,用来存储其他对象。

(4)类可以组织成一个单根树状结构,称为"继承层次"。在这个树状结构中,一个类的存储空间和行为可自动地被其派生类使用。

尽管不同的面向对象编程语言使用不同的语法和术语,但是它们具有以下共有的概念:对象、类、封装、消息传递、继承、多态、重载(overloading)、动态联编(dynamic binding)等。其中,继承是面向对象方法对程序设计语言的独特贡献。正是由于继承与其余概念的相互结合,才显示出面向对象程序设计的特色。

1.2.1　对象

对象是一个实体。任何具体或者抽象的实体均可称为对象,它能够保存一种状态(或称"属性"),并且能提供一系列操作(或称"行为")。属性和操作是对象的两大要素。属性是对象静态特征的描述。操作又称"方法"或"服务",是对象动态特征的描述,能检查或影响对象的状态。对象应具有良好定义的责任、行为和接口。对象之间可以通过通信进行交互。对象通常不宜太大或太复杂。一个对象可以由多个对象组成,并且与其他对象具有松散耦合性。

对象将数据及行为"封装"在一起,具有隐藏信息的能力。具体来说,外界不能直接修改对象的状态,只有通过向对象发送消息来对它施加影响。对象可以隐藏其中的数据及操作的实现方法,对外可见的只是对象所提供的操作接口。对象可将接口从实现方法中分离出来。

对象具有自治性,给定一定的输入后经过状态转换,能产生输出,这说明它具有计算能力。外界只有通过发送消息才能对对象产生影响,对象才能为其提供服务。

对象具有与其他对象通信的能力,也就是对象能接收其他对象发来的消息,同时也能向其他对象发送消息。通信性反映了不同对象间的联系,通过这种联系,若干对象可以协同完成某项任务。

1.2.2　类

类是对具有相同或相似行为或数据结构的对象的共同描述,是若干对象的模板,能够描述对象的内部构造。属于同一个类的对象具有相同的数据结构及行为。类是对象之上的抽象描述,有了类之后,对象可看作类的具体化,是类的实例。

从类的内容来看,它描述了一组数据及其上的操作,这些数据为类所私有,只有操作的接口对外可见。类体现了一种数据抽象,所以类是抽象数据类型在面向对象程序设计中的具体实现,其既给出了具体的数据结构表示,又用面向对象的语言给出了操作实现方法。

1.2.3　方法

方法也称作"行为",指定义于某一特定类上的操作与规则。只有同类的对象才可被该类的方法操作。换言之,一组方法表达了某类对象的动态性质,而对于其他类的对象可能无意义,甚至非法。

1.2.4　消息

一个对象对另一个对象进行操作的关键在于选择一个目标对象并通知它要操作什么,由后者"决定"如何完成这一任务,即在其所属类的方法集中选择合适的方法。也就是说,一个对象通过传递消息,通知其他对象去执行某一项操作。接收到消息的对象经过解释,予以响应。发送消息的对象不需要知道接收消息的对象是如何对请求予以响应的。

1.2.5　封装

所有信息都存储在对象中,即数据及行为都"封装"在对象中。影响对象的唯一方式是执行它所属类的方法。封装也称作"信息隐藏"(information hiding),也就是说将对象的内部结构从其环境中隐藏起来。若对对象的数据进行读写,必须将消息传递给相应的对象,得到消息的对象调用其相应的方法对数据进行读写。在使用对象时,不必知道对象的属性及行为在内部是如何表示和实现的,只需知道它提供了哪些方法即可。

1.2.6　继承

继承是面向对象程序设计语言不同于其他语言的最主要特点,是一种使用户得以在一个类的基础上建立新的类的技术,新类自动继承旧类的属性和行为特征,并可具备某些附加的特征或限制。从语义上讲,继承表示"is-a"关系。

新类称作"旧类的子类",旧类称作"新类的超类"。继承能有效地支持软件构件的重用,使得当需要在系统中增加新的特征时,所需新代码最少。继承机制的强有力之处还在于它允许程序设计人员重用一个不一定完全符合要求的类,允许对该类进行修改,且不会损害该类。

1.2.7　多态

多态是指能够在不同上下文中对某一事物(变量、函数或对象)赋予不同含义或用法。对象在收到消息时要予以响应,不同的对象收到同一消息可以产生完全不同的结果,这一现象叫作"多态"。多态一般分为继承多态、重载多态、模板多态。重载多态和模板多态是静态多态,即多态行为是在编译期内决定的;而继承多态是一种动态多态,即多态行为可以在运行时动态改变。面向对象方法中的多态多指继承多态,从这个角度讲,多态是继承的一种结果。

1.2.8　重载

重载是指多个过程(或函数、方法)允许共享同一名称,且通过该过程所需的参数数目、顺序和类型来对它们进行区分。重载使得多个相同名称的函数即使处于同一上下文,也是合法的。重载的解析不涉及运行机制,是在编译时基于参数值的静态类型完成的。

1.2.9　动态联编

联编(binding)是把一个过程调用和响应这个调用所需要执行的代码加以结合的过程。编译时进行的联编叫作"静态联编"(static binding),而动态联编则是在运行时进行的。一个给定的过程调用与所执行代码的绑定直到运行发生时才得以进行,因而动态联编也叫"迟后联编"(late binding)。

1.3　面向对象设计原则

可维护性和可复用性是一个高质量软件系统应具备的最重要特性。软件的复用或重用有众多优点,可以提高软件的开发效率和质量,节约开发成本,恰当的复用还可以改善系统的可维护性。在主流的软件开发方法中,实现支持可维护性的复用都是以面向对象设计原则为基础的。

本节简要总结了面向对象设计原则,由于篇幅所限,不再提供实例讲解。常用的设计原则如表 1.3.1 所示,它们并不是孤立存在的,而是相互依赖、相互补充的。

表 1.3.1　面向对象设计原则概览

设计原则名称	设计原则简介
开闭原则(Open-Closed Principle，OCP)	软件实体对扩展是开放的，但对修改是关闭的，即在不修改一个软件实体的基础上去扩展其功能
里氏替换原则（Liskov Substitution Principle，LSP）	在软件系统中，一个可以接受基类对象的地方必然可以接受一个子类对象
依赖倒转原则（Dependency Inversion Principle，DIP）	要针对抽象层编程，而不要针对具体类编程
合成复用原则（Composite Reuse Principle，CRP）	在系统中应尽量多使用组合和聚合关系，尽量少用甚至不用继承关系
迪米特法则(Law of Demeter，LoD)	使用多个专门的接口来取代一个统一的接口
接口隔离原则（Interface Segregation Principle，ISP）	一个软件实体对其他实体的引用越少越好
单一职责原则（Single Responsibility Principle，SRP）	类的职责应单一，不能将太多职责放在一个类中

1.3.1　开闭原则

开闭原则是指软件组成实体应该是可扩展的、不可修改的。开闭原则认为，我们应该试图设计出永远不需要改变的模块。

满足开闭原则的设计给系统带来了两个无可比拟的优越性：①通过扩展已有的软件系统，可以提供新的行为，以满足人们对软件的新需求，使变化中的软件系统有一定的适应性和灵活性。②已有的软件模块，特别是最重要的抽象层模块，不能再修改，这使变化中的软件系统有一定的稳定性和延续性。

在面向对象方法中，开闭原则不允许更改系统的抽象层，而允许扩展系统的实现层。其关键在于设计的抽象化，给系统定义一个一劳永逸、不再更改的抽象设计，此设计允许有无穷无尽的行为在实现层被实现。

1.3.2　里氏替换原则

里氏替换原则是指使用指向基类(超类)的引用函数时，必须能够在不知道具体派生类(子类)对象类型的情况下使用它们。

里氏替换原则由美国计算机科学家芭芭拉·利斯科夫(Barbara Liskov)提出,该设计原则要求:所有派生类的行为功能必须和使用者对其基类的期望保持一致。如果派生类达不到这一点,那么必然违反里氏替换原则。在实际的开发过程中,不正确的派生关系是非常有害的。开发人员在使用别人的组件时,只需了解组件的对外裸露接口,那是它全部行为的集合,至于内部是怎么实现的,无法知道,也无须知道。所以,对于使用者而言,只能通过接口实现自己的预期。如果组件接口提供的行为与使用者的预期不符,便会产生错误。里氏替换原则避免了在设计系统时出现派生类与基类不一致的行为。

1.3.3　依赖倒转原则

依赖倒转原则是指抽象不应依赖于细节,而细节应依赖于抽象。简单来说,依赖倒转原则就是:代码要依赖于抽象的类,而不要依赖于具体的类;要针对接口或抽象类编程,而不是针对具体类编程。如果说开闭原则是面向对象设计的目标,那么依赖倒转原则就是面向对象设计的主要手段。

具体来说,开发人员应使用接口和抽象类进行变量类型声明、参数类型声明、方法返回类型声明以及数据类型转换等,而不要用具体类。要保证做到这一点,一个具体类应当只实现接口和抽象类中声明过的方法,而不要给出多余的方法。常用实现方式之一是在代码中使用抽象类,而将具体类放在配置文件中,即将抽象放进代码,将细节放进元数据。

依赖倒转原则可以说是面向对象程序设计的标志,在很多广泛应用的开发框架中都有所体现。用哪种语言来编写程序并不重要,编写时应考虑的是如何针对抽象编程,而不是针对细节编程,即程序中所有的依赖关系都是终止于抽象类或者接口的。

1.3.4　合成复用原则

合成复用原则又被称为"组合/聚合复用原则"(Composition/Aggregate Reuse Principle, CARP),其定义为:尽量使用对象组合而不使用继承来达到复用的目的。

组合与继承都是重要的重用方法。在面向对象程序开发的早期,继承被过度地使用,随着时间的发展,人们发现优先使用组合可以获得重用性与简单性更佳的设计。继承复用的优点是可以很容易地修改或扩展父类的实现,但缺点是继承破坏了封装,父类的实现细节被完全暴露给子类。如果父类的实现发生改变,则子类必受牵连,而继承是静态的,不能在运行时发生改变。组合复用是黑盒复用,不破坏封装,被包含对象的内部细节是不可见的,两者之间所需的依赖少(只依赖于接口),并且组合复用是动态的,通过获

7

取指向其他的具有相同类型的对象来实现引用,可以在运行期间动态地定义对象组合。

1.3.5 迪米特法则

迪米特法则又叫作"最少知识原则",来自 1987 年美国东北大学(Northeastern University)一个名为"Demeter"的研究项目。简单地说,迪米特法则就是指一个软件实体应当尽可能少地与其他实体发生相互作用。这样,当一个模块修改时,就会尽量少地影响其他模块,扩展会相对容易。这是对软件实体之间通信的限制,它要求限制软件实体之间通信的宽度和深度。

通俗地说,迪米特法则要求每个组件只与"直接关联的朋友"通信,不要跟"陌生人"通信。在迪米特法则中,对于一个对象,其"朋友"包括以下几类:①当前对象本身。②以参数形式传入当前对象方法中的对象。③当前对象的成员对象。④如果当前对象的成员对象是一个集合,那么集合中的元素也都是朋友。⑤当前对象所创建的对象。任何一个对象,如果满足上面的条件之一,就是当前对象的"朋友",否则就是"陌生人"。

门面(Facade)模式是迪米特法则的典型体现,通过创造出一个门面对象,将客户端所涉及的属于内部类的对象数量减到最少,客户只需要和一个门面对象通信即可。

1.3.6 接口隔离原则

接口隔离原则是指一个类对另一个类的依赖应当建立在最小的接口上,一个接口应当简单地只代表一个角色。我们可以把接口理解成角色,一个接口只代表一个角色,每个角色都有它特定的接口。接口对应的角色是指一个类型所具有的方法特征的集合,是一种逻辑上的抽象。接口的划分就直接带来了类型的划分。角色对应的接口是指某种语言具体的接口定义,有严格的定义和结构,比如 Java 语言里面的 Interface。

对于不同的客户端,同一个角色应该仅仅提供客户端所需要的行为,客户端不需要的行为则隐藏起来。这种类的接口是内聚的,否则表示该类具有"胖"接口。接口隔离原则要求客户端看到的接口应该是多个内聚的接口,而不是单一的"胖"接口。

接口隔离原则和迪米特法则看似矛盾,实则统一。迪米特法则要求尽量限制通信的广度和深度,而接口隔离原则要求对接口进行分割,使其最小化,避免向客户提供不需要的服务。这是符合迪米特法则的,同样体现了面向对象设计的高内聚、低耦合要求。

1.3.7 单一职责原则

单一职责原则又被称为"单一功能原则",规定一个类最好只做一件事,只能有一个引起它变化的原因。该原则由罗伯特·C.马丁(Robert C. Martin)在《敏捷软件开发：原则、模式与实践》一书中提出。单一职责原则把职责定义为"变化的原因"，类的职责主要包括两个方面：数据职责和行为职责。数据职责通过类的属性来体现，而行为职责通过类的方法来体现。如果有多个动机去改变类，那么这个类就具有多个职责。此原则的核心就是解耦和增强内聚性。

优良的系统设计强调模块间保持低耦合、高内聚的关系，一个软件组件(大到类，小到方法)承担的职责越多，它被复用的可能性越小。如果一个软件承担的职责过多，就相当于将这些职责耦合在一起，这种耦合会导致系统脆弱，当变化发生时，系统会遭受到意想不到的破坏。

单一职责原则是实现高内聚、低耦合的指导方针，在很多代码重构方法中都要用到它。它是最简单但又最难运用的原则，需要设计人员发现类的不同职责并将其分离，而发现类的多重职责需要设计人员具有较强的分析设计能力和重构经验。

1.4　面向对象设计模式

当代著名建筑大师克里斯托弗·亚历山大(Christopher Alexander)在《建筑模式语言》一书中首次提出了模式的概念。书中提到，每一个模式都描述了一个在我们周围不断重复发生的问题，以及该问题的解决方案的核心，这样你就能一次又一次地使用该模式而不必做重复劳动。在面向对象编程的发展过程中，使用模式化方法研究编程的开创性著作是埃里希·伽马(Erich Gamma)、理查德·赫尔姆(Richard Helm)、拉尔夫·约翰逊(Ralph Johnson)、约翰·弗利西德(John Vlissides)于 1995 年出版的《设计模式——可复用面向对象软件的元素》(*Design Patterns：Elements of Reusable Object-Oriented Software*，以下简称《设计模式》)一书，该书确立了"设计模式"这个术语，引领了一种新的面向对象设计思潮。这四位作者常被称为"四人组"(GoF)。

1.4.1　设计模式的概念

设计模式使我们可以使用一种方法来描述问题实质，并用本质上相同但细节永不会重复的方法去解决问题，可以帮助人们简便地复用以前的设计方案，提高工作效率。

一般而言，一个模式有以下四个基本要素：

(1)模式名称(pattern name)：一个助记名，用简洁精炼的词语来描述模式的问题、解决方案和效果。模式名称便于人们交流设计思想及设计结果。

(2)问题(problem)：解释了设计问题和问题存在的前因后果，可能描述了特定的设计问题,也可能描述了导致不灵活设计的类或对象结构。

(3)解决方案(solution):描述了设计的组成成分、它们之间的相互关系及各自的职责和协作方式。解决方案不描述一个特定而具体的设计或实现,而是提供设计问题的抽象描述。

(4)效果(consequences):描述了模式应用的效果及使用模式应权衡的问题。

设计模式分为创建型模式、结构型模式和行为型模式,本节仅作简要总结,详细的解释和实例读者可参考课程教材或相关参考书目。

1.4.2　创建型模式

创建型模式用于处理类的实例化过程的抽象化,解决怎样创建对象、创建哪些对象、如何组合和表示这些对象等问题。类的创建型模式使用继承改变被实例化的类,对象的创建型模式将实例化委派给其他对象。创建型模式包括工厂(Factory)模式、建造者(Builder)模式、原型(Prototype)模式、单例(Singleton)模式。

(1)工厂模式:提供一个创建一系列相关或相互依赖对象的接口,而无须指定它们具体的类。工厂模式可分为简单工厂(Simple Factory)模式、工厂方法(Factory Method)模式、抽象工厂(Abstract Factory)模式。简单工厂模式是专门定义一个类来创建其他类的实例,被创建的实例通常都具有共同的父类。工厂方法模式是指定义一个用于创建对象的接口,让子类决定将哪一个类实例化,使一个类的实例化延迟到其子类。

(2)建造者模式:将一个复杂对象的构建与它的表示分离,使得同样的构建过程可以创建不同的表示。

(3)原型模式:用原型实例指定创建对象的种类,并且通过复制这些原型实例创建新的对象。

(4)单例模式:保证一个类在任何时刻只有一个实例,自行实例化并向整个系统提供一个访问它的全局访问点。

在创建型模式中,工厂方法模式是基础(严格来说,简单工厂模式违反了开闭原则,并不属于 GoF 所提的设计模式),抽象工厂模式是它的扩展。工厂方法模式、抽象工厂模式、原型模式都涉及类层次结构中对象的创建过程,原型模式需要原型管理器(Prototype Manager),工厂方法模式需要依附一个创建器(Creator)类,抽象工厂模式需要一个平行的类层次。建造者模式往往适用于有特定结构需要的情况,它所针对的产品(Product)比较复杂,应根据应用需求和编程语言提供的便利来决定使用哪种模式,有时需要结合两种或者多种模式完成系统中对象的构造。

1.4.3　结构型模式

结构型模式描述如何将类或对象结合在一起形成更大的结构。结构型类模式使用继承机制来组合接口或实现。结构型对象模式描述了如何对多个对象进行组合,从而实现新功能,可以在运行时改变对象的组合关系。结构型模式可分为以下七种:

(1)门面(Facade)模式:为子系统中的一组接口提供一个一致的界面。该模式定义了一个高层接口,这个接口使得子系统更容易被使用。

(2)代理(Proxy)模式:为其他对象提供一个代理,以控制对某个对象的访问。

(3)适配器(Adapter)模式:将一个类的接口转换成客户希望的另外一个接口。该模式使得原本由于接口不兼容而不能一起工作的类可以一起工作。

(4)组合(Composite)模式:将对象组合成树形结构以表示"部分—整体"的层次结构,使得客户对单个对象和复合对象的使用具有一致性。

(5)装饰器(Decorator)模式:也称作"油漆工模式",可动态地给一个对象添加一些额外的职责。就扩展功能而言,装饰器模式比生成子类方式更灵活。

(6)桥接(Bridge)模式:将抽象部分与它的实现部分分离,使它们都可以独立地变化,并在它们之间搭建一个桥梁来实现动态结合。

(7)享元(Flyweight)模式:运用共享技术有效地支持大量细粒度的对象。

适配器模式用于两个已有的不兼容接口之间的转接,桥接模式用于将抽象部分与多个可能的实现进行桥接,门面模式用于为复杂的子系统定义一个新的简单易用的接口,组合模式用于构造对象(递归)组合结构,装饰器模式用于为对象增加新的职责,代理模式用于为目标对象提供一个替代者,享元模式是针对细粒度对象的一种全局控制手段。

1.4.4　行为型模式

行为型模式是对不同对象之间划分责任和算法的抽象化。行为型模式不仅仅关注类和对象,而且关注它们之间的通信模式。类的行为型模式是指使用继承关系在几个类之间分配行为,对象的行为型模式是指使用对象的聚合来分配行为。行为型模式可分为以下几种:

(1)模板方法(Template)模式:定义一个操作中的算法的骨架,将一些步骤延迟到子类中,使得子类可以在不改变一个算法的结构的基础上,重定义该算法的某些特定步骤。模板方法模式用一些抽象的操作定义一个算法,而子类将重定义这些操作以提供具体的行为,一次性实现一个算法的不可变部分,并将可变的部分留给子类来实现。

(2)备忘录(Memento)模式:在不破坏封装的前提下,捕获一个对象的内部状态,并在该对象之外保存这个状态,这样以后就可将该对象恢复到保存状态。

(3)观察者(Observer)模式:定义对象间一对多的依赖关系,以便当一个对象的状态发生改变时,所有依赖于它的对象都被通知并自动刷新。这一模式中的关键对象是目标和观察者,一个目标可以有任意个依赖它的观察者,一旦目标的状态发生改变,所有的观察者都能得到通知。这种交互又被称为"发布-订阅"(publish-subscribe)。

(4)责任链(Chain of Responsibility)模式:该模式又称"职责链模式"。为解除请求发送者与接收者之间的耦合,使多个对象都有机会处理某个请求,责任链模式将这些对象连成一条链,并沿着这条链传递请求,直到有一个对象处理它。

(5)命令(Command)模式:将一个请求封装为一个对象,从而可用不同的请求对客户进行参数化,如对请求排队、记录请求日志以及取消请求。

(6)状态(State)模式:将状态逻辑和动作实现进行分离。当一个操作中要维护大量的 case 分支语句,并且这些分支依赖于对象的状态时,状态模式将每一个分支都封装到独立的类中。状态模式允许对象在其内部状态改变时改变它的行为,看起来像是修改了对象所属的类。

(7)策略(Strategy)模式:定义一系列算法,把它们一个个封装起来,并且使它们可以相互替换。策略模式使得算法的变化可以独立于使用它的用户。有些算法对于某些类是必不可少的,但是不适合硬编进类中。用户可能需要多种算法,也可能需要增加新的算法或者改变现有的算法,开发人员可以把这样的算法封装到单独的类中,称为"策略"。策略提供了一种用多个行为中的一个行为来配置一个类的方法。

(8)中介(Mediator)模式:用一个中介对象来封装一系列的对象交互。中介对象使各个对象不需要显式地相互引用便可交互,从而使其耦合松散,并可以独立地改变它们之间的交互。虽然将一个系统分割成许多对象通常可以增强系统的可复用性,但是对象间相互连接的激增又会降低其可复用性。我们可以通过将集体行为封装在一个单独的中介对象中来解决这个问题,中介对象负责控制和协调一组对象间的交互。

(9)解释器(Interpreter)模式:给定一种语言,定义它的文法表示,并定义一个解释器,该解释器使用该表示来解释语言中的句子。如果一种特定类型的问题发生的频率足够高,那么就值得将该问题的各个实例表述为一个简单语言中的句子,这样就可以构建一个解释器,该解释器通过解释这些句子来解决该问题。

(10)访问者(Visitor)模式:表示一个作用于某对象结构中的各个元素的操作,可以在不改变各个元素的类的前提下定义作用于这些元素的新操作。为了把一个操作作用于一个对象结构中,一种做法是把这个操作分散到每一个节点上,但这会导致系统难以理解、维护和修改;另一种做法是把操作包装到一个独立的对象中,然后在遍历过程中把此对象传递给被访问的元素。

(11)迭代器(Iterator)模式:该模式提供了一种方法,可以顺序访问一个聚合对象中的各个元素,而又不暴露该对象的内部表示。迭代器模式将对聚合对象的访问和遍历从聚合对象中分离出来,并放入一个迭代器中。

大多数行为型模式用一个对象来封装某些经常变化的特性,比如算法、交互协议、与状态相关的行为、遍历方法等。观察者模式建立起目标和观察者之间的松耦合连接;中介模式可以把约束限制集中起来,形成中心控制;命令模式侧重于命令的总体管理;责任链模式侧重于命令被正确地处理;解释器模式用于复合结构中操作的执行过程。

1.5 面向对象建模

面向对象的分析与设计(OOA&D)方法的发展在 20 世纪 80 年代末期至 90 年代中期出现了一个高潮,统一建模语言(UML)是这个高潮的产物,它统一了软件工程领域科学家格雷迪·布奇(Grady Booch)、詹姆斯·朗博(James Rumbaugh)和伊瓦·雅各布森(Ivar Jacobson)较早提出的表示方法(Booch 1993、OMT-2、OOSE 等),并且经过进一步的发展,最终成为大众所接受的建模语言。

1.5.1 UML 概述

UML 是一个通用的可视化建模语言,用于对软件进行描述、可视化处理、构造和建立软件系统的文档。UML 适用于各种软件开发方法、软件生命周期的各个阶段、各种应用领域以及各种开发工具,是一种总结了以往建模技术经验、吸收了当今优秀成果的标准建模方法,是为支持大部分现有的面向对象开发过程而设计的。

UML 将系统描述为一些离散的、相互作用的对象,为外部用户提供具有一定功能的模型结构。UML 将系统分成三个视图域:结构分类、动态行为和模型管理。结构分类描述了系统中的结构成员及相互关系,包括静态视图、用例视图、实现视图以及部署视图。动态行为描述了对象的时间特性和对象为完成任务而相互通信的机制,包括状态机视图、活动视图和交互视图。模型管理说明了模型的分层组织结构,其中包是模型的基本组织单元。UML 还包括多种具有扩展能力的成分,例如约束、构造型、标记值,适用于所有的视图元素。表 1.5.1 列出了 UML 的视图、图以及主要概念。

表 1.5.1　UML 的视图、图以及主要概念

主要的域	视图	图	主要概念
结构分类	静态视图	类图	类、关联、泛化、依赖关系、实现、接口
	用例视图	用例图	用例、参与者、关联、扩展、包括、用例泛化
	实现视图	构件图	构件、接口、依赖关系、实现
	部署视图	部署图	节点、构件、依赖关系、位置
动态行为	状态机视图	状态机图	状态、事件、转换、动作
	活动视图	活动图	状态、活动、完成转换、分叉、结合
	交互视图	顺序图	交互、对象、消息、激活
		协作图	协作、交互、协作角色、消息
模型管理	模型管理视图	类图	包、子系统、模型
可扩展性	所有	所有	约束、构造型、标记值

以下简要介绍 UML 提供的用于建模的可视化模型图。类图是面向对象方法的核心模型,贯穿于软件系统的整个生命周期,包括面向对象分析(OOA)、面向对象设计(OOD)和本实验教材的重点内容面向对象编程。本节将着重介绍 UML 类图模型,其他模型仅作简要总结,详细的建模符号和实例读者可参考课程教材或相关参考书目。

1.5.2　静态视图

静态视图包括类图、对象图和包图,其中最重要的是类图。类图是以类为中心来组织的,用以描述系统中类的静态结构。类图不仅定义系统中的类,而且表示类之间的联系(如关联、依赖、聚合等),也包括类的内部结构(类的属性和操作)。

类、对象和它们之间的关联是面向对象方法中最基本的元素。在 UML 中,类和对象的模型分别由类图和对象图表示,类图是面向对象方法的核心。与数据模型不同,类图不仅显示了信息的结构,同时还描述了系统的行为。类图是定义其他模型图的基础,例如在类图的基础上,状态图、交互图等进一步描述了系统其他方面的特性。

类用矩形框来表示,属性和操作分别列在分格中。类之间的关系用类框之间的连线来表示,不同的关系用连线上和连线端头处的修饰符来区别。图 1.5.1 是一个汽车构成关系的类图。

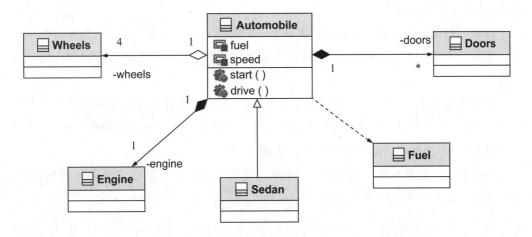

图 1.5.1　汽车构成关系的类图

在图 1.5.1 所示类图中,除了每个类的表示外,还体现了类之间的各种关系。在 UML 中,类之间不同的连线表示了不同的关系类型。类之间的关系包括关联(Association)关系、聚合(Aggregation)关系、组合(Composition)关系、泛化(Generalization)关系、依赖(Dependency)关系、实现(Realizes)关系等,各种关系类型的表示符号如图 1.5.2 所示。

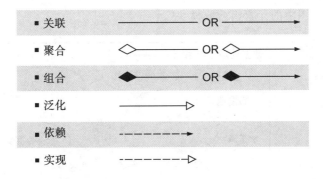

图 1.5.2　各种关系类型的表示符号

关联关系描述了模型元素之间一般性的联系,表示一个类的实例连接到另一个类的实例。关联关系可以是双向的(此时可省略联系两端的箭头),也可以是单向的(联系的箭头指向被导航的模型元素)。当关联关系为单向时,关联也被称作"导航"(Navigability)。在面向对象程序中,关联关系是作为类的属性来实现的关系。

聚合关系用来表示模型元素之间整体和部分的关系,此时部分元素可以脱离整体元素存在,例如学生和班级。聚合关系表示"has-a"关系。

组合关系表示了整体和部分之间的构成关系,整体和部分具有相同的生命周期,整体创建则部分被同时创建,整体销毁则部分被同时销毁,例如订单和销售记录。组合关

15

系表示"a-part-of"关系。

泛化或特化(Specialization)关系描述了一个类共享一个或多个类的结构和行为的关系。定义一个关于抽象的层次结构后,子类可继承超类。泛化关系表示"a-kind-of"或"is-a"关系。

依赖关系表示了一个类使用另一个类的关系,类之间可能由于以下原因而存在依赖关系:①消息从一个对象发送到另一个对象;②一个类是另一个类的数据的一部分,如成员变量;③一个类被作为另一个类的操作参数。

实现表示一种特殊的关系,即客户端类实现了服务类的规范。在面向对象编程中,这一关系表示一个类实现了一个接口。

1.5.3 用例视图

用例视图是描述软件产品外部特性的视图。用例视图从用户的角度来描述软件产品的需求,分析软件产品所需的功能和动态行为。用例视图是从软件需求到最终实现的第一步,它的正确与否直接影响用户对产品的满意程度。

图 1.5.3 描述了数据处理分析系统的用例视图示例。用例视图主要包括三个方面的内容:用例、参与者和参与者之间的关系。此外,用例视图还可以包括注解和约束。我们也可以使用包将视图中的元素组合成模块。

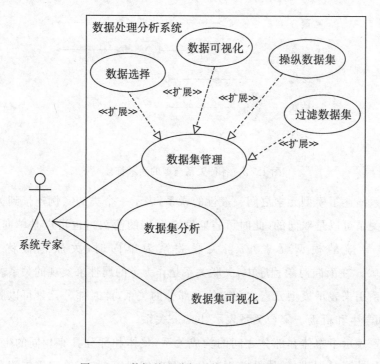

图 1.5.3　数据处理分析系统的用例视图示例

1.5.4　状态机视图

状态机通过对类的对象的生存周期建立模型,来描述对象随时间变化的动态行为。状态机由对象的各个状态和连接这些状态的转换组成。每个状态对一个对象在其生命期中满足某种条件的一个时间段建模。当一个事件发生时,它会触发状态间的转换,导致对象从一种状态转化到另一种新的状态。事件是对象可以追踪到的,存在一系列运动状态的变化。与转换相关的活动执行时,转换也同时发生。

状态机视图是展示状态与状态转换的视图。通常,一个状态机依附于一个类,状态机视图可描述一个类的实例对接收到的事物做出的反应。状态机视图是一个对象的局部视图,是一个将对象与其外部世界分离并独立考察其行为的图。状态机视图示例如图1.5.4 所示。

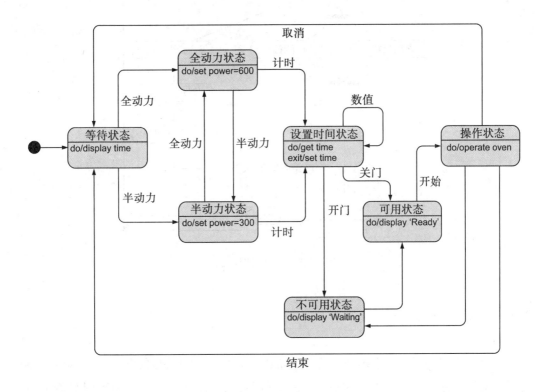

图 1.5.4　状态机视图示例

1.5.5　活动视图

活动视图是状态机视图的一个变体,它描述执行算法的工作流程中所涉及的活动及顺序,展现从一个活动到另一个活动的控制流。活动视图在本质上是一种流程图,是内部处理驱动的流程。

　　活动视图的组成元素包括活动状态(Activity)、动作状态(Actions)、动作状态约束(Action Constraints)、动作流(Control Flow)、开始节点(Initial Node)、终止节点(Final Node)、对象(Objects)、数据存储对象(Data Store)、对象流(Object Flows)、分支与合并(Decision and Merge Nodes)、分叉与汇合(Fork and Join Nodes)、泳道(Partition)等,活动视图描述了一组顺序的或并发的活动,表示了对象活动的顺序关系所遵循的规则,它着重表现的是系统的行为,而非系统的处理过程。活动视图示例如图1.5.5所示。

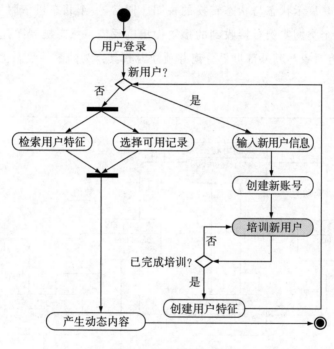

图1.5.5　活动视图示例

1.5.6　交互视图

　　交互视图描述了执行系统功能的各个角色之间相互传递消息的顺序关系,显示了跨越多个对象的系统控制流程。UML的交互视图可用顺序图和协作图两种图来表示,它们各有不同的侧重点。在 UML 2.0 中,交互视图有顺序图、协作图(通信图)、交互概览图和一个可选的时序图。

　　顺序图表示了对象之间传送消息的时间顺序。在顺序图中,每一个角色用一条垂直的生命线来表示,代表整个交互过程中对象的生命期,生命线之间的箭头连线代表消息。顺序图的一个主要用途是表示用例中的行为顺序,当执行一个用例行为时,顺序图中的每条消息对应了一个类操作或状态机中引起转换的触发事件。顺序图示例如图 1.5.6 所示。

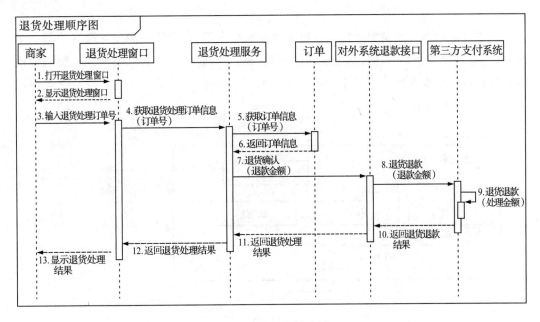

图 1.5.6　顺序图示例

协作图对交互中有意义的对象和对象间的链进行建模。协作图描述了一个对象协作关系中的一个链,并用几何排列来表示交互作用中的各角色,而附在角色上的箭头代表消息,消息的发生顺序用消息箭头处的编号来说明。协作图的一个用途是表示一个类操作的实现,消息编号对应了程序中的嵌套调用结构和信号传递过程。协作图示例如图 1.5.7 所示。

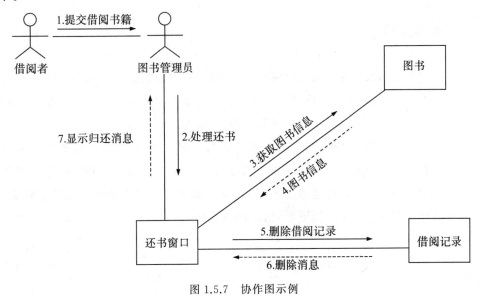

图 1.5.7　协作图示例

1.5.7 模型管理视图

模型管理视图对模型组织建模。包是操作模型内容、存取控制和配置控制的基本单元,由一系列模型元素(如类、状态机和用例)构成,一个包可能包含其他的包。每一个模型元素包含于包或其他模型元素中。模型管理信息通常在类图中表达。模型管理视图示例如图 1.5.8 所示。

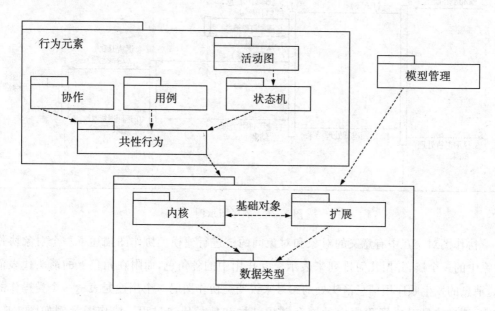

图 1.5.8　模型管理视图示例

1.5.8 实现视图

前面介绍的视图按照逻辑观点对应用领域中的概念建模,而物理视图对应用自身的实现结构建模。例如,系统的组件组织和建立在运行节点上的配置提供了将系统中的类映射成物理组件和节点的机制。物理视图有两种:实现视图和部署视图。

实现视图用组件图来建模,组件图为系统的组件建立模型(组件即构造应用的软件单元),在宏观层面上显示了构成系统某一特定方面的实现结构。组件图中主要包含组件、接口和关系三种元素,通过这些元素描述了系统的各个组件及组件之间的依赖关系、组件的接口及调用关系。实现视图示例如图 1.5.9 所示。

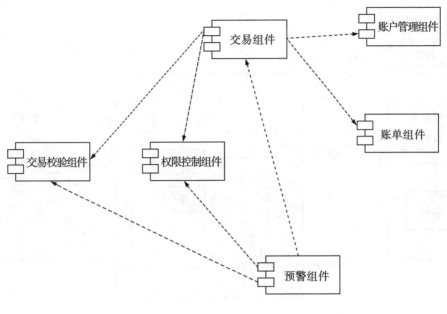

图 1.5.9　实现视图示例

1.5.9　部署视图

部署视图描述了系统运行时的结构,展示了硬件的配置及其软件如何部署到网络结构中。部署视图由节点以及节点之间的关系组成。节点是一组运行资源,如计算机、设备或存储器。

部署视图描述了一个系统的静态部署,通常用来帮助人们理解分布式系统。一个系统模型只有一个部署视图。部署视图可描述用于部署软件组件的硬件组件、用于可视化系统的硬件拓扑,允许评估资源分配和分配结果。部署视图示例如图 1.5.10 所示。

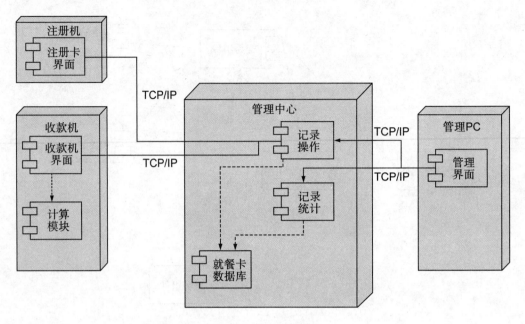

图 1.5.10　部署视图示例

第2章　面向对象编程实验

本章所述实验针对面向对象编程进行设计,结合面向对象课程教材的讲解顺序,通过若干个有一定难度的实验编程题目,使学生熟悉面向对象核心概念和实现机制。本章首先介绍了实验的编程环境、实验目标等基本情况,然后介绍了实验题目和相应的要求,最后提供了若干个实验题目的代码示例。

2.1　实验说明

2.1.1　实验目标

本章的实验目标为:使学生熟悉和理解面向对象方法的核心概念和实现机制,掌握面向对象设计和编程的方法与技巧。具体来说,学生应能够根据题目要求进行分析设计,并使用 UML 类图描述实现方案;能够熟练使用主流的集成开发环境(IDE),使用 Java/C++/C♯/Python 等面向对象编程语言进行面向对象程序的编写和调试;能够根据面向对象设计原则对设计和代码进行重构。

2.1.2　实验环境

对于 Java 语言,需要 JDK 8(Java 开发工具包)以上版本,开发环境为 Eclipse/IntelliJ IDEA 等;对于 C++/C♯.Net 语言,需要安装.NET Framework(Windows 操作系统下的.NET技术框架),开发环境为 Visual Studio IDE;对于 Python 等其他语言,安装相应的环境即可。

2.1.3 考核方式

建议从多个角度对学生实验成绩进行考核。供参考的考核方法如下：

(1)考核内容 1：对题目的理解和实验准备。

考核方式：题目讲解和交流、对实验报告中问题的描述。

成绩占比：10%。

(2)考核内容 2：开发工具、开发环境的使用。

考核方式：实验结果演示，检验能否熟练使用开发工具，是否具备调试能力等。

成绩占比：10%。

(3)考核内容 3：分析与设计能力。

考核方式：实验题目的解决方案展示，主要是类图。

成绩占比：15%。

(4)考核内容 4：编码及功能实现，包括正确性、可靠性、健壮性、用户界面(UI)交互等方面的实现质量考核。

考核方式：程序演示。

成绩占比：40%。

(5)考核内容 5：文档撰写。

考核方式：实验报告评价。

成绩占比：20%。

(6)考核内容 6：在基础需求上所做的功能扩展。

考核方式：程序演示。

成绩占比：5%。

2.2 面向对象编程实验题目

实验题目 1：类的定义

 实验目标

类和对象是面向对象方法中最基本的概念。对象是系统运行的基本构成单位，而类是对象的模板，是面向对象软件系统设计和实现的基本逻辑单位。通过本实验，学生能熟

练掌握类的定义(类定义的基本规范、类定义的语法、可视性修饰符)和对象的基本操作。

 **实验要求**

定义一个名为"CMyPoint"的类,其中含有 m_x 和 m_y 两个私有数据成员,分别记载平面直角坐标系中一个点的 x 坐标和 y 坐标。另有 3 个静态数据成员:①m_count,记载所有点的数量;②m_sumX,记载各点 x 坐标之和;③m_sumY,记载各点 y 坐标之和。

(1)设计构造函数、析构函数:构造函数有无参构造函数和带双参数构造函数两种。无参构造函数的功能是把点的坐标设为(0,0),带双参数构造函数则可以相应地设置私有成员的值,但不允许成员的参数绝对值超过 100。只要有任何一个参数的绝对值超过 100,则将带双参数构造函数私有成员的参数值设为(0,0)。

(2)设计成员函数 SetData():该函数用于设定两个数据成员的值,并检测坐标的绝对值是否超过 100。对于超过 100 的情况都予以拒绝,即不更改数据成员的当前值。

(3)设计成员函数 Display():该函数用于输出点的坐标,希望的显示形式为(x,y),小数点后取 3 位。

(4)设计静态函数 ShowAvg():该函数用于显示当前各点坐标的平均值。

(5)设计成员函数 Distance():该函数用于求两点间的距离,以一个点为参数,求该点到另一个点的距离。

(6)设计成员函数 Near():该函数的参数是一个点,其功能是判断当前点是否比另外一个点距离原点更近。

完成以上各项要求后,设计 main()函数测试以上函数,使得程序可以正确运行。

实验题目 2:对象数组

 **实验目标**

对象数组是由对象构成的数组,是相同数据类型的元素按一定顺序排列的集合。通过本实验,学生能理解子对象与本对象的关系,掌握对象数组的声明、对象数组的空间分配和创建、数组所包含对象的分配和创建、对象数组的初始化,并对数组中包含的对象进行若干运算。

 **实验要求**

在实验题目 1 中定义的 CMyPoint 类基础上,创建一个关于圆(CMyCircle)的类。类中包含圆心(一个 CMyPoint 对象)和半径两个实例变量。实现以下操作:计算周长和面积、显示圆的信息以及实现含有三个参数的构造方法。

(1)实现圆的定义:定义包含 5 个圆的对象数组,5 个圆的参数如表 2.2.1 所示。

表 2.2.1 圆的参数

圆心 x	圆心 y	半径
0	0	1
1	2	3
−1	−1	1.5
2	−3	1.5
0	2	1

(2)将上述圆按面积由小到大进行排序,并按排序后的次序输出各个圆的信息。

(3)针对两个圆,确定它们之间的关系:相离、相切、相交、覆盖(A 覆盖 B)、重合、被覆盖(A 被 B 覆盖),分别用数值 4,3,2,1,0,−1 来表示这些关系。为 CMyCircle 类添加成员函数 RelationWith(),该函数的功能是判断某个圆与参数圆之间的关系,以上述整数值为函数值。对表 2.2.1 中给出的 5 个圆,为每一种圆与圆之间的关系找出一组示例,并显示是由哪两个圆构成的该关系。

实验题目 3:继承与派生

实验目标

继承是一种使用户得以在一个类的基础上建立新的类的技术,新类自动继承旧类的属性和行为特征,并可具备某些附加的特征或限制。继承机制的另一个优点在于它允许程序设计人员重用一个未必完全符合要求的类,允许对该类进行修改而不至于给该类的其他部分带来有害影响。通过本实验,学生可掌握类的继承、派生类的定义。

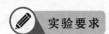
实验要求

正方形只需要一个参数就可以确定其形状,长方形需要两个参数,直角梯形可以看作是长方形的一条边调整之后得到的图形,如图 2.2.1 所示。

图 2.2.1 图形描述

上述图形都可以计算面积、周长等信息。因此,长方形的类可以设计成正方形的派生类,梯形的类可以设计成长方形的派生类。

(1)设计一个名为"CMySquare"的关于正方形的类,数据成员包括位置坐标 m_x、m_y 和边长 m_height,即在坐标系中,以点(m_x,m_y)为左下顶角,有一个边长为 m_height 的正方形。

(2)在 CMySquare 的基础上设计关于长方形的类 CMyRectangle。

(3)在 CMyRectangle 的基础上设计关于梯形的类 CMyTrapezoid。

(4)设计两个无参的函数成员 Perimeter()和 Area(),这两个函数的功能分别是求相应图形的周长和面积,并以计算结果为函数值。

实验题目 4:组合与封装

 实验目标

封装是面向对象方法的重要概念之一,也称作"信息隐藏",可将对象的内部结构从其环境中隐藏起来。从对象外部看,客户只能看到对象的行为;从对象内部看,系统通过修改对象的状态以及与其他对象的相互作用,来完成某项操作。影响对象的唯一方式是执行它所属的类的方法,即执行作用于对象的操作。使用对象时,不必知道对象的属性及行为在对象内部是如何表示和实现的,只需知道它提供了哪些方法(操作)即可。对对象的数据进行读写时,必须将消息传递给相应对象,对象调用自身的方法对数据进行读写。通过本实验,学生可掌握封装的概念,通过对象组合的实现理解封装所带来的优势。

实验要求

(1)利用 Java 的 ArrayList(或 C++、C♯等面向对象编程的相应数组类),实现一个栈类 MyStack,要求 MyStack 能实现栈的标准操作,如 size、push、pop 和 top。为简化实现,MyStack 支持单一简单类型的栈元素。

(2)利用(1)中实现的 MyStack 类,实现一个队列类 MyQueue,要求 MyQueue 能实现队列的标准操作,如 length、add、delete、getHead 和 getTail。但不允许使用其他 JDK/MFC 等开发包提供的数据结构类辅助实现。

(3)实验的具体要求如下:

①画出类图的详细设计。

②按要求实现 MyStack 类、MyQueue 类。

③在测试代码[如 Java 的 main()方法]中对以上两个类进行演示。

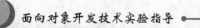

a.初始化一个 MyStack 类,写入 10 个随机数,演示各操作。

b.初始化一个 MyQueue 类,写入 10 个随机数,演示各操作。

实验题目 5:equals()方法重置

实验目标

对象同一是指两个对象具有相同的标识(即 ID)。对象相等是指两个对象的标识不同,但具有相同的值。通过本实验,学生能理解对象同一和对象相等的概念,掌握自定义类的 equals()方法的重置实现。

实验要求

在 Java 等面向对象编程语言中,Object 类的 equals()方法实现了等价关系判定,具有自反性、对称性、传递性、一致性等特点。对于任何非空(null)的 x 值,x.equals(null)必然返回假(false)。Object 类的 equals()方法采用"对象同一"的规则来判定对象等价关系。也就是说,当且仅当 a=b 时,a.equals(b)返回真(true),这意味着 a 和 b 指向同一个对象(指向内存中同一地址的引用)。但是,实际中更多采用"对象相等"规则来判定对象等价关系。例如,标准的 Java 类、String 类和 Point 类,通过重写 equals()方法来实现相等性的判定。在 java.awt.Point 类中,当且仅当两个 Point 对象有相同的坐标时,equals()返回 true,而不管它们是否指向同一个对象。因此,在新建很多类时,都需要考虑重写 equals()方法,如 java.lang.String 类和 java.awt.Point 类。

现有一个 Triangle 类和它的子类 ColoredTriangle 类,请重置这两个类的 equals()方法,使之满足等价关系,并通过测试程序来验证上述等价关系。

实验的具体要求如下:

(1)设计并画出 UML 类模型。

(2)实现完整的类并调试代码。

(3)写出客户端测试代码,并调试通过。

实验题目 6:继承复用与组合复用

实验目标

继承和组合是两种最常用的软件复用机制。继承是一种"is-a"关系,其优点是代码简洁,子类可以通过重写父类的方法来实现对父类的扩展;缺点是子类与父类是一种高

28

耦合关系,并且无法在运行期间改变从父类中继承的方法。组合在设计类时须把要组合的类的对象加到该类中,作为自己的成员变量,是一种"has-a"关系,其优点是当前对象与包含的对象是低耦合关系,所包含对象的内部细节对当前对象不可见,当前对象可以在运行时动态绑定所包含的对象;缺点是容易产生过多的对象。一般来说,组合比继承更具灵活性和稳定性。通过本实验,学生能理解组合复用和继承复用的区别和它们在不同场景下的优缺点,掌握通过组合进行复用的实现方法。

 **实验要求**

分别使用继承和组合两种机制来设计以下三个系统中的各种对象,画出两种机制的 UML 类图模型,分别实现完整的类并调试代码。

(1)汽车有很多种,如小轿车、货车、客车等。车的用途也有很多种,如载客、载货、客货两用、水陆两用等。请设计一个系统,描述不同汽车的种类和用途。

(2)设计一个系统,描述经理、雇员和学生等不同人的身份,例如有些人既是经理又是学生(如某位在读 MBA 的经理)。

(3)空客(Airbus)、波音(Boeing)和麦道(McDonnell-Douglas)都曾是飞机制造商,它们都生产载客飞机(passenger plane)和载货飞机(cargo plane)。请设计一个系统,描述这些飞机制造商以及它们所制造的飞机种类。

需求发生以下变化,继承复用和组合复用两种机制各自需要如何更改? 系统(1)中增加一种汽车的种类(如 SUV 运动型汽车)和用途(如救援车);系统(2)中有的人还有可能是一位兼职教授;系统(3)中增加一家飞机制造商[如庞巴迪公司(Bombardier)]和一个种类[如农用飞机(agricultural aircraft)]。画出修改后的 UML 类图,并写出需要修改的代码。结合代码和例子,总结和比较两种复用方式的优缺点。

实验题目 7:利用反射执行类的方法

 **实验目标**

反射指的是程序可以访问、检查和修改它自身状态的一种能力(即自省)。面向对象编程语言通常都会提供反射机制,支持一个组件动态加载和查询自身的状态,因此反射为许多基于组件的编程工具提供了基础。通过本实验,学生能理解反射的概念,掌握利用 Java/C++/C#/Python 等面向对象编程语言实现反射功能的方法。

 **实验要求**

实现一个简单的类调试程序:通过向应用程序传递一个参数(类的路径和名称),利

面向对象开发技术实验指导

用反射机制显示出这个类的属性和方法；选择某个方法，输入适当的参数，能够执行这个方法并显示结果（如果输入的参数错误，将抛出异常信息）。

以 Java 为例，以下为部分参考代码：

```java
class Test {
    public static void main(String[] args) {
    try {
    String path = System.getProperty("user.dir")+ "/src/test/myFile.properties";
    FileInputStream in = new FileInputStream(path);
    Properties per = new Properties();
    per.load(in);
    String myclass = per.getProperty("myclass");
    String m1 = per.getProperty("Method1");
    String m2 = per.getProperty("Method2");
    Object obj = Class.forName(myclass).newInstance();
    // 得到类的路径
    System.out.println(obj.getClass());
    // 获得该类的所有属性
    Field [] f = obj.getClass().getDeclaredFields();
    for (int i = 0; i<f.length; i++ ) {
      System.out.println(f[i].getName()); }
    // 获得该类的所有方法
    Method [] m = obj.getClass().getMethods();
    for(int i = 0; i <m.length; i++ ) {
      System.out.println(m[i].getName()); }
    // 执行该类的 m1 方法
    Method md = obj.getClass().getMethod(m1, new Class [] {String.class});
    md.invoke(obj, new Object[]{"Java"});
    // 执行该类的 m2 方法
    md = obj.getClass().getMethod(m2, null);
    String str = (String)md.invoke(obj,null);
```

```
            System.out.println(str);
        }
        catch (ClassNotFoundException e) {
            e.printStackTrace();
        }
        catch (InstantiationException e) {
            e.printStackTrace();
        }
        catch (IllegalAccessException e) {
            e.printStackTrace();
        catch (SecurityException e) {
            e.printStackTrace();
        }
        catch (NoSuchMethodException e) {
            e.printStackTrace();
        }
        catch (IllegalArgumentException e) {
            e.printStackTrace();
        }
        catch (InvocationTargetException e) {
            e.printStackTrace();
        }
        catch (FileNotFoundException e) {
            e.printStackTrace();
        }
        catch (IOException e) {
            e.printStackTrace();
        }
    }
```

实验题目 8：替换原则的应用

 **实验目标**

替换原则是指对于 A 和 B 两个类，如果 B 类是 A 类的子类，那么在任何情况下都可以用 B 类来替换 A 类。可替换性是面向对象编程的一个重要性质，其含义是变量声明时指定的类型不必与它所容纳的值类型相一致。通过本实验，学生能理解替换原则的含义，掌握可替换性的实现和应用。

实验要求

（1）实现三个图形类以及相应的绘制方法，以文本形式输出形状名称。

①类为 Circle，方法为 DrawCircle()。

②类为 Triangle，方法为 DrawTriangle()。

③类为 Rectangle，方法为 DrawRectangle()。

（2）实现客户端代码，满足以下要求：

①包含一个列表对象。

②实现生成图形对象的方法 createShape(int n)，向列表中随机存放 n 个上述三种图形对象（n 由用户输入）。

③实现绘制图形的方法 draw()，依次从列表中取出图形对象进行图形绘制。

（3）增加第四种图形 Oval 类，不修改 draw() 方法的任何代码，支持这四种图形的绘制，并满足以下要求：

①画出类图的详细设计（包括类/接口名、属性、方法、类关系）。

②实现 Oval 类，并使用（2）中的代码进行验证。

实验题目 9：多态性质的应用

实验目标

多态是指能够在不同上下文中对某一事物（如变量、函数或对象）赋予不同含义或用法，即不同的对象收到同一消息可以产生完全不同的结果。当讨论优秀的软件设计时，人们通常会提到"即插即用"（plug-and-play）的概念，即某个组件可以被"插入"系统并能够在不需要任何其他工作（如重新设置系统）的情况下立即被"使用"。如果一个软件设计是优雅的，那么就可以删除某类的一个对象，并轻松地替换或"插入"另一个"同等"的类的对象,而该过程将自动完成或只需极少量的代码改动。本实验通过一个排序功能设计,使学生理解多态在软件设计中的价值,并掌握相应的实现方法。

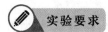
实验要求

设计一个可对输入的数据进行排序,且能提供多种排序方法的系统。另外,系统应允许增加新的排序算法或删除某个排序算法。

(1)分别用两个类实现冒泡排序、插入排序两种排序方法,允许使用 JDK、MFC 等基础类库封装的功能。

(2)实现一个测试类或功能类,将排序功能封装为统一 API(应用程序接口),如 sort (int[] a, int sortAlgorithmType),并通过调用(1)中相应类的方法实现排序功能。实现测试方法,要求提示用户输入一组数,并选择排序方法,然后进行排序。排序完成后,显示排序结果、使用的排序方法、排序时间复杂度(即比较次数)。

(3)增加一种新的排序算法(如堆排序、快速排序等)。要求:只增加一个新类,不修改已经实现的其他类;原客户端程序不受影响,用户只需更新客户端即可使用新增的排序算法。

(4)画出以上完整的 UML 类图模型(包括类/接口名、属性及解释、方法及实现思路、类关系等)。

实验题目 10:面向接口编程

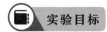
实验目标

面向接口编程是一个重要的面向对象编程设计原则,属于依赖倒转原则,即程序中所有的依赖关系都应该终止于抽象类或者接口,任何变量都不应该持有一个指向具体类的指针或引用。通俗来讲,当 A 类依赖于 B 类时,如果 A 类需要实现另外的功能,需要依赖 B 类的具体改动才能完成,这就增加了两者之间的耦合性。这时如果 A 类与 B 类之间增加一个接口 C 来承接 A 的抽象实现,A 类与 B 类之间就不具备很强的依赖关系了,这样 A 类就不再依赖于 B 类,而 B 类却需要依赖 A 类的功能来对接口 C 进行抽象。本实验与多态的实验目标基本相同,通过本实验学生能理解面向接口编程的含义,并能够将其用于解决实际问题。

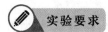
实验要求

(1)某些系统中有很多地方需要用到数据导入功能,导入数据的格式有.txt、.xls、.html、.xml、.pdf,而数据的来源可能有 ListView、Form、DataGrid 等不同形式。由于需求的变化,系统可能需要增加新的数据源或者新的文件格式,每增加一个新类型的数据源或文件格式,客户类(Client)都需要修改源代码,以便使用新的类。但这违背了开闭原则。现使用依赖倒转原则对其进行重构,实现上述任意格式的数据导入。

提示:先设计一个数据源接口 interface DataSource {IList getData();},再设计所有的数据源实现类 ListView. DataSource、DataGrid. DataSource 等,然后设计一个导入接口 interface Import {void import(IList dataList)}和四个相应的导入实现类。

参考代码如下:

```
//实现业务方法
class ImportService
{
        private DataSource dataSource;
        //接收导入数据
        private Import import;
        public ImportService(DataSource dataSource, Import import) {
          this.dataSource = dataSource;
          this.import = import;
        }
        //实现业务方法
        public void doImport() {
          import.import(dataSource.getData());
        }
}
```

客户端参考代码如下:

```
    new ImportService(new ListViewDataSource(), new TxtImport()).
doImport();
    new ImportService(new DataGridViewDataSource(), new TxtImport()).
doImport();
    new ImportService(new ListViewDataSource(), new ExcelImport()).
doImport();
```

(2)某系统需要实现重要数据(如用户密码)的加密处理,在数据操作类(DataOperator)中需要调用加密类中定义的加密算法。系统提供了 CipherA 和 CipherB 两个不同的加密类,它们可实现不同的加密方法,在 DataOperator 中可以任意选择一个加密类实现加密操作。该加密系统的类图如图 2.2.2 所示。

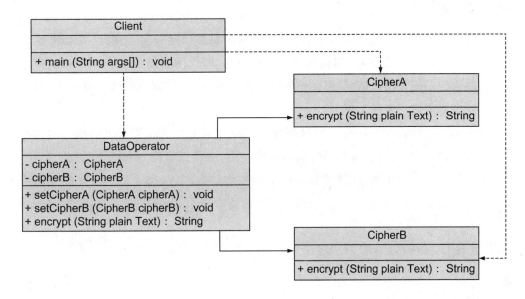

图 2.2.2　加密系统的类图

　　如果需要更换一个加密算法或者增加并使用一个新的加密算法,如将 CipherA 改为 CipherB,则需要修改客户类和数据操作类的源代码,这违背了开闭原则。现要求对系统进行重构,使得系统可以灵活扩展,符合开闭原则。请画出 UML 类模型,实现代码并调试成功。

实验题目 11:单例模式的应用

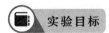 实验目标

　　单例模式是一种常用的软件设计模式,在应用这个模式时,单例对象的类必须保证只有一个实例存在。许多时候系统只需要一个全局对象,例如在某个服务器程序中,服务器的配置信息存放在一个文件中,这些配置数据由一个单例对象统一读取,然后服务进程中的其他对象再通过这个单例对象获取这些配置信息。这种方式简化了复杂环境下的配置管理。单例模式的实现思路是一个类能返回对象的一个引用(永远是同一个)和一个获得该实例的方法[必须是静态方法,如 getInstance()方法]。通过本实验,学生能理解单例模式的概念,并学会利用单例模式解决问题。

面向对象开发技术实验指导

✏️ **实验要求**

某网站系统中需要一个访问计数器,网站网页每被访问一次,访问计数器就加1,并在网页上显示是第几次访问(即访问计数器的值)。假设网页类中 long visited()方法能返回本次访问是第几次被访问,但是该网站有多个网页,而访问计数器只有一个,每次网页被访问都要创建一个网页实例。

请实现访问计数器设计并编写测试代码。设计时要注意线程安全问题。如果唯一实例尚未被创建时,有两个线程同时调用创建方法,由于没有检测到唯一实例的存在,而同时各自创建了一个实例,这样就有两个实例被创建出来,违反了单例模式中实例唯一的原则。

实验题目 12:适配器的应用

🎬 **实验目标**

在现实生活中,经常出现两个对象因接口不兼容而不能一起工作的实例,这时需要第三者进行适配。例如,讲中文的人同讲英文的人对话时需要一个翻译,用直流电的笔记本电脑接交流电源时需要一个电源适配器,用计算机访问照相机的 SD 内存卡时需要一个读卡器等。在软件设计中也可能出现类似情况。例如,需要开发的具有某种业务功能的组件在现有的组件库中已经存在,但它们与当前系统的接口规范不兼容,而重新开发这些组件成本又很高,这时用适配器模式能很好地解决这些问题。适配器模式是指把一个类的接口变换成客户端所期待的另一种接口,从而使原本接口不匹配而无法一起工作的两个类能够在一起工作。客户端通过适配器可以透明地调用目标接口,不需要修改原有代码而重用现有的适配器类。将目标类和适配器类解耦,可解决目标类和适配器类接口不一致的问题。通过本实验,学生能理解适配器模式的概念,并学会利用适配器模式解决实际问题。

✏️ **实验要求**

(1)在猎鸟(HuntBird)游戏中有很多种不同的鸟类,包括天鹅、海鸥、山雀、画眉、大雁等。开发人员在设计中规范了每种鸟类的行为,例如使用 display()方法将它们显示出来,使用 fly()方法改变它们的位置。现在希望增加一种新的鸟类(如麻雀),但是发现系统中已经有了麻雀类,它的"显示"和"飞"的方法分别是 show()和 move()。现希望重用原有代码,但是这段代码不一定允许修改,比如可能根本没有源代码,只有链接库。画出解决方案的 UML 类图模型,实现所有相关的类/接口,并编写客户端测试代码。要求:测试代码能将各种鸟类对象保存在同一个列表中,并且统一使用一个函数显示出来。

（2）早期 Java 版本中的集合（Collection）类型（如 Vector、Stack、HashTable）实现了一个 elements()方法,该方法返回一个枚举（Enumeration）类型。新版本中开始使用迭代器（Iterator）接口,这个接口和枚举接口很像,但不同的是,迭代器还提供了删除元素的功能。早期 Java 版本的遗留代码会暴露出枚举接口,但我们又希望在新的代码中只使用迭代器接口。试采用适配器解决这个问题,将枚举接口转化为迭代器接口,实现相关的类/接口,并编写客户端测试代码。

实验题目 13:责任链的应用

实验目标

责任链模式是一种对象行为型设计模式,可使多个对象都有机会处理请求,从而避免请求发送者与请求处理者耦合在一起。责任链模式将对象连接成一条链,并且沿着这条链传递请求,直到有对象处理它为止。在很多情况下,一个系统中可以处理某个请求的对象不止一个。例如可以构成一条处理采购单的链式结构,采购单沿着这条链进行传递,这条链被称为"责任链",链上的每一个对象都是请求处理者。实际上,客户端无须关心请求的处理细节以及请求的传递,只需将请求发送到链上即可,从而实现请求发送者和请求处理者解耦。通过本实验,学生能理解责任链模式的概念和含义,并学会利用责任链模式解决实际问题。

实验要求

（1）某办公自动化（OA）系统需要提供一个假条审批模块。如果员工请假天数少于 3 天,主任可以审批该假条;如果员工请假天数为 3～10 天（不包含 10 天）,经理可以审批该假条;如果员工请假天数为 10～30 天（不包含 30 天）,总经理可以审批该假条;如果员工请假天数超过 30 天,总经理也不能审批该假条,直接提示相应的拒绝信息。

采用责任链模式对上述过程进行设计,画出 UML 类图模型,用熟悉的面向对象编程语言写出实现代码,并编写测试程序进行调试。要求:输入请假天数,输出审批人、审批结果等信息。

（2）已知某公司的报销审批是分级进行的,即公司员工填写报销单据,交给直属领导审批,不同层次的主管人员具有不同的报销金额审批权限,若报销单据超过某主管人员的审批权限,需要由主管人员审核后交上层领导继续审批。主任可以审批 2000 元以下的报销单据,副董事长可以审批 2000～10 000 元（不包括 10 000 元）的报销单据,董事长可以审批 10 000～20 000 元（不包括20 000 元）的报销单据,20 000 元及以上的报销单据则需要开会审核。

采用责任链模式对上述过程进行设计，画出 UML 类图模型，用熟悉的面向对象编程语言写出实现代码，并编写测试代码进行调试。报销审批设计的责任链模式类图如图2.2.3所示。

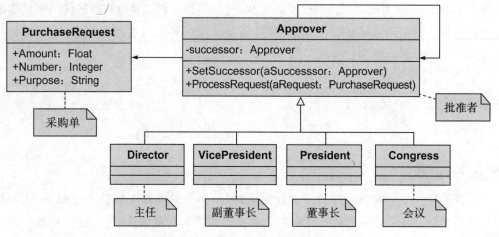

图 2.2.3　报销审批设计的责任链模式类图

代码框架参考如下：

```
//报销单据类(审批对象)
class PurchaseRequest {
  public  double Amount;  // 报销金额
  public  int Number;     // 报销单编号
  public  String Purpose;  // 报销目的
};


//审批者类
class Approver {
  public  Approver(){successor = null;}
  public  void ProcessRequest(PurchaseRequest aRequest){
      if (successor != null){successor.ProcessRequest(aRequest);}
  }
  public  void SetSuccessor（Approver  aSuccesssor）{ successor = aSuccesssor; }
  private Approver successor;
}
```

```
//以下为各个审批者类
class Director extends Approver {
  public   void ProcessRequest(PurchaseRequest aRequest){
    if(aRequest.Amount<20000){/* 审批的代码省略 */}
    else successor.ProcessRequest(aRequest);
  }
}


class VicePresident extends Approver {
  public   void ProcessRequest(PurchaseRequest aRequest){
    if(aRequest.Amount<10000){/* 审批的代码省略 */}
    else successor.ProcessRequest(aRequest);
  }
}


class President extends Approver {
  public   void ProcessRequest(PurchaseRequest aRequest) {
    if(aRequest.Amount<20000){/* 审批的代码省略 */}
    else successor.ProcessRequest(aRequest);
  }
}


class Congress extends Approver {
    publicvoid ProcessRequest(PurchaseRequest aRequest){
    /* 审批的代码省略 */
    }
}


//测试类
public class Test {
    public static void main(String[] args) throws IOException {
        Congress Meeting = new Congress();
        VicePresident Sam = new VicePresident();
```

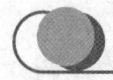

```
        Director Larry = new Director();
        President Tammy = new President();
        // 构造责任链
        Meeting.SetSuccessor(null);
        Tammy.SetSuccessor(Meeting);
        Sam.SetSuccessor(Tammy);
        Larry.SetSuccessor(Sam);


        // 构造一报销审批请求
        PurchaseRequest aRequest = new PurchaseRequest();
        BufferedReader br = new BufferedReader(new InputStreamReader
(System.in));
        aRequest.Amount = Double.parseDouble(br.readLine());
        Larry.ProcessRequest(aRequest);    // 开始审批
    }
}
```

实验题目 14:观察者模式的应用

**实验目标**

观察者模式又称"发布-订阅模式""模型-视图模式",是一种对象行为型模式,指多个对象间存在一对多的依赖关系。当一个对象的状态发生改变时,所有依赖于它的对象都会得到通知并自动更新。观察者模式的主要优点是在目标与观察者之间建立了一套触发机制,降低了目标与观察者之间的耦合关系,两者之间是抽象耦合关系,符合依赖倒转原则。在软件设计中经常需要用到观察者模式来解决问题,如 Excel 中的数据与折线图、饼状图、柱状图之间的关系,MVC 模式中的模型与视图的关系,事件模型中的事件源与事件处理者的关系等。通过本实验,学生能理解观察者模式的概念和含义,并学会利用观察者模式解决实际问题。

**实验要求**

(1)某淘宝店铺首页中可以输入用户邮箱地址,店铺每周会给所有留下邮箱的客户发送广告邮件。广告邮件中包含下周的新货和优惠信息,用户如果对某些内容感兴趣,

可以到店铺网站查看细节。

采用观察者模式对上述过程进行设计,画出 UML 类图模型,用熟悉的面向对象编程语言写出实现代码,并编写测试程序进行调试,向其他人演示新增订阅、取消订阅、接收到订阅信息等功能。

(2)为实现应用的界面与应用数据的分离,通常需要定义应用数据类和应用界面类,它们都可以各自独立地被复用,当然也可一起工作。假设一个表格对象和一个柱状图对象可使用不同的表示形式描述同一个应用数据对象的信息,但它们互相并不知道对方的存在,这样系统可以根据需要单独复用表格对象或柱状图对象。但是表格对象和柱状图对象却表现出似乎知道彼此存在,当用户改变表格中的信息时,柱状图能立即反映这一变化,反过来也是如此。

采用观察者模式对上述过程进行设计,画出 UML 类图模型,用熟悉的面向对象编程语言写出实现代码,并编写测试程序进行调试。

实验题目 15:桥接模式的应用

实验目标

桥接模式是用组合关系代替继承关系来实现的。桥接模式将抽象与实现分离开,使它们可以独立变化,从而降低了抽象和实现这两个可变维度的耦合度。很多情况下,某些类具有两个或多个维度的变化,如图形既可改变形状又可改变颜色。如何设计一个可以画出不同形状和不同颜色图形的软件呢?如果用继承方式,m 种形状和 n 种颜色的图形就有 $m×n$ 种组合,不但对应的子类很多,而且扩展困难。类似的例子还有很多,如不同颜色和字体的文字、不同品牌和功率的汽车、不同性别和职业的人、支持不同平台和不同文件格式的媒体播放器等。桥接模式用组合关系代替继承关系,扩展能力强,符合开闭原则和合成复用原则,能够很好地解决这些问题。通过本实验,学生能理解桥接模式的概念和含义,并学会利用桥接模式解决实际问题。

实验要求

(1)某服装企业开设了在线商城,销售其生产的各种服装(包括衬衣、T 恤、裤子)。该服装企业的服装面料多种多样,包括纯棉、莱卡、亚麻等;支持多种支付方式,包括银联网银支付、京东白条支付、货到付款等。如果采用子类继承的方式设计在线商城,将导致子类个数过多,并且不易扩展新的服装面料或新的支付方式。

采用桥接模式对上述过程进行设计,画出 UML 类图模型,指出可抽象出哪几个变化点,用熟悉的面向对象编程语言写出实现代码,并编写测试程序进行调试。

（2）某图像预览程序要求能够查看 BMP、JPEG 和 GIF 三种格式的文件，且能够在 Windows 和 Linux 两种操作系统上运行。程序需具有较好的扩展性以支持新的文件格式和操作系统。为满足上述需求并减少所需生成的子类数目，采用桥接模式进行设计，得到如图 2.2.4 所示类图。

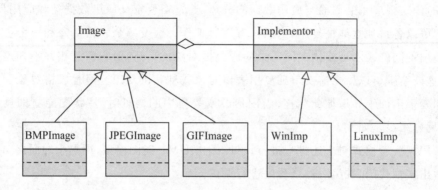

图 2.2.4　图像预览类图

根据此类图模型，用熟悉的面向对象编程语言写出实现代码，并编写测试程序进行调试。

实验题目 16：策略模式的应用

实验目标

策略模式定义了一系列算法，并将每个算法封装起来，使它们可以相互替换，且算法的变化不会影响使用算法的客户端。策略模式属于对象行为型模式，通过对算法进行封装，把使用算法的责任和算法的实现分割开来，并委派给不同的对象来管理这些算法。在软件开发中常常遇到这种情况：实现某一个功能有多种算法或策略，系统应根据环境或者条件选择不同的算法或策略来完成该功能，如数据排序策略有冒泡排序、选择排序、插入排序、二叉树排序等。如果使用多重条件转移语句（即硬编码）解决该问题，不但使条件语句变得很复杂，而且增加、删除或更换算法都需要修改原代码，不易维护，违背开闭原则。采用策略模式就能很好地解决该问题。通过本实验，学生能理解策略模式的概念和含义，并学会利用策略模式解决实际问题。

实验要求

某电影院需要一套影院售票系统，该系统应能为不同类型的用户提供不同的电影票打折方式，具体打折方案如下：

(1)学生凭学生证可以享受票价 8 折优惠。

(2)儿童可享受每张票减免 10 元优惠。

(3)影院 VIP 用户除享受半价优惠外还可以进行积分。

同时,要求该系统在将来还能根据市场需求引入新的打折方式。

请使用策略模式对该系统进行设计,画出 UML 类图模型,用熟悉的面向对象编程语言写出实现代码,并编写测试程序进行调试。

2.3　面向对象编程示例

2.3.1　类声明和对象创建

根据以下要求,创建抽象类和接口,并探究它们的多态特性。具体要求如下:

(1)创建项目 InterfaceProject。

(2)创建 Animal 类,该类是抽象类,并且包含以下元素:①声明一个受保护的整数实例变量 legs,用来记录动物腿的数目。②定义一个受保护的构造方法来初始化 legs 实例变量。③声明抽象方法 eat。④声明具体方法 walk,用来显示与动物行走方式有关的信息(包括腿的数目)。

(3)创建 Pet 接口,声明三个抽象方法:public String getName( )、public void setName(String n)和 public void play()。

(4)创建 Spider 类,满足以下要求:①Spider 类扩展了 Animal 类。②定义一个无参构造方法,调用父类的构造方法来指明所有蜘蛛都有八条腿。③实现 eat 方法。

(5)创建 Cat 类,满足以下要求:①声明 String 实例变量来存储宠物猫的名字。②定义一个构造方法,调用父类的构造方法来指明所有猫都有四条腿,并使用 String 参数来指定宠物猫的名字。③定义一个无参构造方法,调用上一个构造方法(使用 this 关键字)来传递一个空字符串作为参数。④实现 Pet 接口方法。⑤实现 eat 方法。

(6)创建 Fish 类,满足以下要求:①声明 String 实例变量来存储宠物鱼的名字。②定义一个无参构造方法,调用父类的构造方法来指明鱼没有腿。③实现 Pet 接口方法。④覆盖 walk 方法,调用所有的超级方法,并输出一条说明鱼不会行走的消息。⑤实现 eat 方法。

(7)创建 TestAnimal 类,满足以下要求:①该类有程序入口 main()函数。②创建并操作前面所创建的类的实例。③调用每个对象中的方法。④实现对象类型转换。⑤使用多态特性。⑥使用 super 关键字调用父类的方法。

参考代码(使用 Java 语言)如下:

(1)Animal.java 中的参考代码:

```
public abstract class Animal {// 创建 Animal 类,该类是抽象类
    protected int legs;
    public Animal() {
    }
    protected Animal(int legs) {
        this.legs = legs;
    }
    abstract void eat();// 抽象方法 eat;
    public void walk() {// 显示与动物行走方式有关的信息(包括腿的数目);
        System.out.println("this animal walk on" + legs + "legs");
    }
}


public interface Pet {// 创建 Pet 接口;声明三个抽象方法
    public abstract String getname();
    public abstract void setname(String pet_name);
    public abstract void play();
}


public interface Sleep extends Pet{//创建 Sleep 接口,继承 Pet
    void sleep();
}
```

(2)Spider.java 中的参考代码:

```
//创建 Spider 类,Spider 类扩展了 Animal 类
public class Spider extends Animal implements Pet,Sleep{
    private String pet_name;
    public Spider(){
    super(8);
    }
```

```
    void eat(){//实现 eat 方法
    System.out.println("Spider eat fly");
    }
    public void setname(String pet_name){
      this.pet_name = pet_name;
    }
    public void play(){
      System.out.println("the spider play in hands");
    }
    public  String getname(){
      return pet_name;
    }
    public void speak(){
    System.out.println("the cat makes no noise");
    }
    public void sleep(){//实现 Sleep 接口方法
    System.out.println("the cat sleep on the wall");
    }
}
```

(3)Cat.java 中的参考代码：

```
//创建 Cat 类
public class Cat extends Animal implements Pet,Sleep{
  privateString pet_name;
  public Cat(String pet_name){//构造方法
    super(4);
    this.pet_name = pet_name;

  }
  public Cat(){//定义一个无参构造方法
    this(null);
  }
  public void speak(){
```

```
            System.out.println("the cat speak with maomao");
      }
    void eat(){//实现 eat 方法;
        System.out.println("the cats like eatting fish");
    }


    /*实现 Pet 接口方法*/
    public void play(){
        System.out.println("the cat play with mice");
    }


public String getname(){
        return pet_name;
    }
public void setname(String pet_name){
    this.pet_name = pet_name;
}


public void sleep(){//实现 Sleep 接口方法
    System.out.println("the cat sleep with her host");
}
}
```

(4)Fish.java 中的参考代码:

```
//创建 Fish 类
public class Fish extends Animal implements Pet,Sleep{
    private String pet_name;
    public Fish(){
        super(0);
    }
    /*实现 Pet 接口方法*/
    public String getname(){
        return pet_name;
```

```
    }
    public void setname(String pet_name){
        this.pet_name = pet_name;
    }
    public void play(){
        System.out.println("the fish swim in water");
    }
    void eat(){//实现 eat 方法
        System.out.println("the fish eat rice");
    }
    public void walk(){//覆盖 walk 方法
        System.out.println("this animal does not have legs");
    }
    public void speak(){
        System.out.println("the fish makes no noise");
    }
    public void sleep(){//实现 Sleep 接口方法
        System.out.println("the fish sleep with water");
    }
}
```

(5)TestAnimal.java 中的参考代码：

```
//创建 TestAnimal 类
public class TestAnimal {
    public static void main(String[] args) {
        Pet pet[] = new Pet[3];
        pet[0] = new Cat();//创建并操作前面所创建的类的实例
        pet[1] = new Fish();
        pet[2] = new Spider();
        for(Pet i:pet){//调用每个对象中的方法
            i.play();
            Animal animal = （Animal）i; //对象类型转换,使用多态特性
            animal.walk();
```

```
        Sleep sleep = （Sleep)i;
        sleep.sleep();
    }
    for(int i = 0;i<3;i++ ){//使用 instanceof,向下转型
     if(pet[i] instanceof Cat ){
     Cat m =（Cat) pet[i];
     m.speak();
     }
     if(pet[i] instanceof Fish ){
     Fish m =（Fish) pet[i];
     m.speak();
     }
     if(pet[i] instanceof Spider){
     Spider m =（Spider) pet[i];
     m.speak();
     }
    }
  }
}
```

2.3.2 面向接口编程示例

现要开发一个应用程序,模拟移动存储设备的读写,即计算机与 U 盘、MP3、移动硬盘等设备进行数据交换。要求计算机能同这三种设备进行数据交换,并且以后可能会增加新的存储设备。各个存储设备间读和写的实现方法不同,U 盘和移动硬盘只有读和写这两个方法,MP3 还可以播放音乐。

设计方案:定义接口 IMobileStorage(或者抽象类 MobileStorage),其中含有虚方法 Read()和 Write(),三个存储设备类均能实现此接口。设计 Computer 类,通过依赖接口 IMobileStorage 实现多态性。Computer 类中包含一个类型为 IMobileStorage 的成员变量,并为其编写 get/set 器,这样 Computer 类中只需要 ReadData()和 WriteData()两个方法,并通过多态性实现不同移动设备的读和写。

方案评价:首先,该方案解决了代码冗余的问题,可以动态替换移动设备,并且实现了共同接口,即不管有多少种移动设备,只要一个读方法和一个写方法即可解决问题。

由于组合方式可以在运行时动态替换对象,而不必将移动存储类硬编码在 Computer 类中,所以当有了新的第三方设备时,完全可以进行替换运行。这就是所谓的"依赖接口,而不是依赖于具体类"。Computer 类中只有一个 IMobileStorage 类型的成员变量,至于这个变量的具体数值是什么,Computer 类并不知道,这取决于在运行时给这个变量的赋值。如此一来,Computer 类和移动存储器类之间就实现了解耦。

参考代码(使用 Java 语言)如下:

```java
//IMobileStorage 接口:
public interface IMobileStorage {
    void Read();                 // 读取数据
    void Write();                // 写入数据
}


//Code:FlashDisk
public class FlashDisk implements IMobileStorage{
    @Override
    public void Read() {
        System.out.println("Reading from FlashDisk......");
         System.out.println("Read finished!");
    }
    @Override
    public void Write() {
        System.out.println("Writing to FlashDisk......");
        System.out.println("Write finished!");
    }
}


//Code:MP3Player
public class MP3Player implements IMobileStorage{
    @Override
    public void Read() {
        System.out.println("Reading from MP3Player......");
        System.out.println("Read finished!");
    }
}
```

```
    @Override
    public void Write() {
        System.out.println("Writing to MP3Player......");
        System.out.println("Write finished!");
    }

    public void PlayMusic(){
        System.out.println("Music is playing......");
    }
}


//Code:MobileHardDisk
public class MobileHardDisk implements IMobileStorage{
    @Override
    public void Read() {
        System.out.println("Reading from MobileHardDisk......");
        System.out.println("Read finished!");
    }
    @Override
    public void Write() {
        System.out.println("Writing to MobileHardDisk......");
        System.out.println("Write finished!");
    }

}


//Code:Computer
public class Computer {
    private IMobileStorage _usbDrive;
    public IMobileStorage get_usbDrive() {
        return _usbDrive;
    }
    public void set_usbDrive(IMobileStorage _usbDrive) {
```

```
        this._usbDrive = _usbDrive;
    }
    public Computer(){}
    public Computer(IMobileStorage _usbDrive) {
        this._usbDrive = _usbDrive;
    }
    public void ReadData(){
        this._usbDrive.Read();
    }
    public void WriteData(){
        this._usbDrive.Write();
    }
}


//Code:测试代码
public class ToTest {
    @Test
    public void program1(){
        Computer computer = new Computer();
        IMobileStorage mp3Player = new MP3Player();
        IMobileStorage flashDisk = new FlashDisk();
        IMobileStorage moblieHardDisk = new MobileHardDisk();

        System.out.println("I inserted my MP3 Player into my computer and
copy some music to it:");
        computer.set_usbDrive(mp3Player);
        computer.WriteData();
        System.out.println("=====================");

        System.out.println("Well,I also want to copy a great movie to my
computer from a mobile hard disk:");
        computer.set_usbDrive(moblieHardDisk);
        computer.ReadData();
```

```
        System.out.println("=====================");

        System.out.println("OK! I have to read some files from my flash
disk and copy another file to it:");
        computer.set_usbDrive(flashDisk);
        computer.ReadData();
        computer.WriteData();
        System.out.println();
    }
```

//如果增加新的移动存储设备 newMobileStorage,测试程序修改如下:
//（newMobileStorage 的类请参照 u 盘、移动硬盘等类编写……）
//测试代码

```
    @Test
    public void program2(){
        Computer computer = new Computer();
        IMobileStorage newMobileStorage = new NewMoblieStorage();
        computer.set_usbDrive(newMobileStorage);
        newMobileStorage.Write();
        newMobileStorage.Read();


    }
}
```

2.3.3　单例模式应用示例

根据适用的场景、并发性、安全性等要求的不同,单例模式有多种实现方式,应根据应用场景的要求按需设计。

（1）饿汉式单例模式（静态常量代码块）的实现代码如下:

```
public class Singleton {
    //本类内部创建对象实例
    private final static Singleton01 instance = new Singleton01();
```

```
    //构造器私有化,外部不能更改
    private Singleton01(){}
    //提供一个公有静态方法,返回实例对象
    private static Singleton01 getInstance(){
        return instance;
    }

    public static void main(String[] args) {
    //测试
        Singleton01 instance1 = Singleton01.getInstance();
        Singleton01 instance2 = Singleton01.getInstance();
        System.out.println(instance1==instance2);
        System.out.println(instance1.hashCode());
        System.out.println(instance1.hashCode());
    }
}
```

（2）饿汉式单例模式（静态代码块）的实现代码如下：

```
public class Singleton02 {
    //本类内部创建对象实例
    private static Singleton02 instance;
    //构造器私有化,外部不能更改
    private Singleton02(){}
    //在静态代码块中,创建单例对象
    static {
        instance = new Singleton02();
    }
    //提供一个公有的静态方法,返回实例对象
    public static Singleton02 getInstance() {
        return instance;
    }
    public static void main(String[] args) {
    //测试
```

```
        Singleton02 instance = Singleton02.getInstance();
        Singleton02 instance2 = Singleton02.getInstance();
        System.out.println(instance == instance2); // true
        System.out.println("instance.hashCode= " + instance.hashCode());
        System.out.println("instance2.hashCode= " + instance2.hashCode());
    }
}
```

(3)懒汉式单例模式(线程不安全)的实现代码如下：

```
public class Singleton03 {
    private static Singleton03 instance;
    private Singleton03() { }

    //提供一个静态的公有方法，当使用该方法时，才去创建 instance
    public static Singleton03 getInstance() {
        if(instance == null) {
            instance = new Singleton03();
        }
        return instance;
    }

    public static void main(String[] args) {
        System.out.println("懒汉式 1，线程不安全～");
        Singleton03 instance = Singleton03.getInstance();
        Singleton03 instance2 = Singleton03.getInstance();
        System.out.println(instance == instance2); // true
        System.out.println("instance.hashCode= " + instance.hashCode());
        System.out.println("instance2.hashCode= " + instance2.hashCode());
    }
}
```

(4)懒汉式单例模式(同步线程,线程安全)的实现代码如下:

```
public class Singleton04 {
    private static Singleton04 instance;
    private Singleton04() {}


    //提供一个静态的公有方法,加入同步处理的代码,解决线程安全问题
    //即懒汉式
    public static synchronized Singleton04 getInstance() {
        if(instance == null) {
            instance = new Singleton04();
        }
        return instance;
    }


    public static void main(String[] args) {
        System.out.println("懒汉式 2 ,线程安全～");
        Singleton04 instance = Singleton04.getInstance();
        Singleton04 instance2 = Singleton04.getInstance();
        System.out.println(instance == instance2); // true
        System.out.println("instance.hashCode= " + instance.hashCode());
        System.out.println("instance2.hashCode= " + instance2.hashCode());
    }
}
```

(5)懒汉式单例模式(同步代码块,线程安全)的实现代码如下:

```
public class Singleton05 {
    private static Singleton05 instance;


    private Singleton05() {
    }


    public static Singleton05 getInstance() {
        if (instance == null) {
```

```java
        synchronized (Singleton05.class) {
            instance = new Singleton05();
        }
    }
    return instance;
}


public static void main(String[] args) {
    Singleton05 instance = Singleton05.getInstance();
    Singleton05 instance2 = Singleton05.getInstance();
    System.out.println(instance == instance2); // true
    System.out.println("instance.hashCode= " + instance.hashCode());
    System.out.println("instance2.hashCode= " + instance2.hashCode());
}
}
```

(6)单例模式(双重检查,线程安全)的实现代码如下:

```java
public class Singleton06 {
    private static volatile Singleton06 instance;
    private Singleton06() {}
    //提供一个静态的公有方法,加入双重检查代码,解决线程安全问题
    //同时解决懒加载问题,也保证了效率,推荐使用
    public static synchronized Singleton06 getInstance() {
        if(instance == null) {
            synchronized (Singleton06.class) {
                if(instance == null) {
                    instance = new Singleton06();
                }
            }
        }
        return instance;
    }
    public static void main(String[] args) {
```

```
        System.out.println("双重检查");
        Singleton06 instance = Singleton06.getInstance();
        Singleton06 instance2 = Singleton06.getInstance();
        System.out.println(instance == instance2); // true
        System.out.println("instance.hashCode= " + instance.hashCode());
        System.out.println("instance2.hashCode= " + instance2.hashCode());
    }
}
```

（7）单例模式（包含静态内部类，线程安全）的实现代码如下：

```
public class Singleton07 {
    private static volatile Singleton07 instance;

    //构造器私有化
    private Singleton07() { }

    //写一个静态内部类，该类中有一个静态属性 Singleton
    private static class SingletonInstance {
        private static final Singleton07 INSTANCE = new Singleton07();
    }

    //提供一个静态的公有方法，直接返回 SingletonInstance.INSTANCE
    public static synchronized Singleton07 getInstance() {
        return SingletonInstance.INSTANCE;
    }
    public static void main(String[] args) {
        System.out.println("使用静态内部类完成单例模式");
        Singleton07 instance = Singleton07.getInstance();
        Singleton07 instance2 = Singleton07.getInstance();
        System.out.println(instance == instance2); // true
        System.out.println("instance.hashCode= " + instance.hashCode());
        System.out.println("instance2.hashCode= " + instance2.hashCode());
    }
}
```

2.3.4 抽象工厂模式应用示例

首先,创建一个 Shape 接口和一个实现它的具体类,并创建一个抽象工厂类 AbstractFactory。然后,定义工厂类 ShapeFactory,它继承了 AbstractFactory。最后,创建一个工厂创建者/生成器类 FactoryProducer。AbstractFactoryPatternDemo 是本示例的演示类,使用 FactoryProducer 来获取 AbstractFactory 中的对象,并将参数(圆形/矩形/方形)传递给 AbstractFactory 以获取它需要的对象类型。抽象工厂模式示例类图如图 2.3.1 所示。

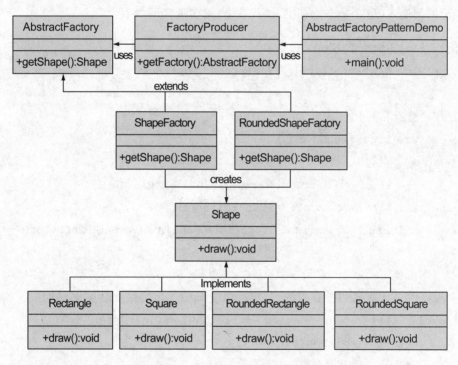

图 2.3.1　抽象工厂模式示例类图

本示例的参考代码(使用 Java 语言)如下:

(1)Shape.java 中的参考代码如下:

```java
public interface Shape {
    void draw();
}
```

(2)RoundedRectangle.java 中的参考代码如下：

```java
public class RoundedRectangle implements Shape {
    @Override
    public void draw() {
        System.out.println("Inside RoundedRectangle::draw() method.");
    }
}
```

(3)RoundedSquare.java 中的参考代码如下：

```java
public class RoundedSquare implements Shape {
    @Override
    public void draw() {
        System.out.println("Inside RoundedSquare::draw() method.");
    }
}
```

(4)Rectangle.java 中的参考代码如下：

```java
public class Rectangle implements Shape {
    @Override
    public void draw() {
        System.out.println("Inside Rectangle::draw() method.");
    }
}
```

(5)AbstractFactory.java 中的参考代码如下：

```java
public abstract class AbstractFactory {
    abstract Shape getShape(String shapeType) ;
}
```

(6)ShapeFactory.java 中的参考代码如下：

```java
public class ShapeFactory extends AbstractFactory {
    @Override
    public Shape getShape(String shapeType){
```

```
        if(shapeType.equalsIgnoreCase("RECTANGLE")){
            return new Rectangle();
        }else if(shapeType.equalsIgnoreCase("SQUARE")){
            return new Square();
        }
        return null;
    }
}
```

（7）RoundedShapeFactory.java 中的参考代码如下：

```
public class RoundedShapeFactory extends AbstractFactory {
    @Override
    public Shape getShape(String shapeType){
        if(shapeType.equalsIgnoreCase("RECTANGLE")){
            return new RoundedRectangle();
        }else if(shapeType.equalsIgnoreCase("SQUARE")){
            return new RoundedSquare();
        }
        return null;
    }
}
```

（8）FactoryProducer.java 中的参考代码如下：

```
public class FactoryProducer {
    public static AbstractFactory getFactory(boolean rounded){
        if(rounded){
            return new RoundedShapeFactory();
        }else{
            return new ShapeFactory();
        }
    }
}
```

（9）AbstractFactoryPatternDemo.java 中的参考代码如下：

```java
public class AbstractFactoryPatternDemo {
    public static void main(String[] args) {
        //get shape factory
        AbstractFactory shapeFactory = FactoryProducer.getFactory(false);
        //get an object of Shape Rectangle
        Shape shape1 = shapeFactory.getShape("RECTANGLE");
        //call draw method of Shape Rectangle
        shape1.draw();
            //get an object of Shape Square
            Shape shape2 = shapeFactory.getShape("SQUARE");
            //call draw method of Shape Square
            shape2.draw();
            //get shape factory
            AbstractFactory shapeFactory1 = FactoryProducer.getFactory(true);
            //get an object of Shape Rectangle
            Shape shape3 = shapeFactory1.getShape("RECTANGLE");
            //call draw method of Shape Rectangle
            shape3.draw();
            //get an object of Shape Square
            Shape shape4 = shapeFactory1.getShape("SQUARE");
            //call draw method of Shape Square
            shape4.draw();

    }
}
```

（10）Verify the output 中的参考代码如下：

```
Inside Rectangle::draw() method.
Inside Square::draw() method.
Inside RoundedRectangle::draw() method.
Inside RoundedSquare::draw() method.
```

2.3.5　装饰模式应用示例

装饰模式允许用户在不改变其结构的情况下向现有对象添加新功能,这种类型的设计模式可以看作现有类的包装器。装饰模式创建了一个装饰器类,它包装了原始类并提供了附加的功能,同时能够保持原始类方法签名完整。本节所设计的示例演示了装饰模式的应用。在该示例中,系统可用某种颜色装饰一个形状,而不改变形状类,其类图如图2.3.2所示。

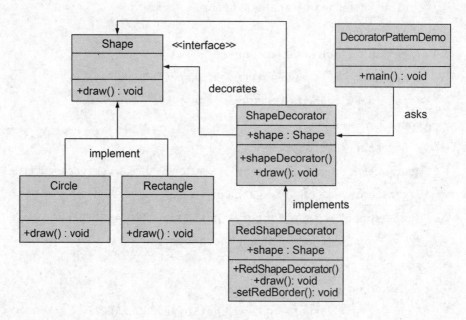

图 2.3.2　装饰模式应用示例类图

本示例的参考代码(使用Java语言)如下:

步骤1:创建一个接口。

Shape.java 中的参考代码如下:

```
public interface Shape {
    void draw();
}
```

步骤2:创建实现同一接口的具体类。

(1)Rectangle.java 中的参考代码如下:

```
public class Rectangle implements Shape {
    @Override
    public void draw() {
        System.out.println("Shape: Rectangle");
    }
}
```

（2）Circle.java 中的参考代码如下：

```
public class Circle implements Shape {
    @Override
    public void draw() {
        System.out.println("Shape: Circle");
    }
}
```

步骤 3：创建实现 Shape 接口的抽象装饰器类。

ShapeDecorator.java 中的参考代码如下：

```
public abstract class ShapeDecorator implements Shape {
    protected Shape decoratedShape;

    public ShapeDecorator(Shape decoratedShape){
        this.decoratedShape = decoratedShape;

    }
    public void draw(){
        decoratedShape.draw();
    }
}
```

步骤 4：创建具体的装饰器类，扩展 ShapeDecorator 类。

RedShapeDecorator.java 中的参考代码如下：

```
public class RedShapeDecorator extends ShapeDecorator {
    public RedShapeDecorator(Shape decoratedShape) {
        super(decoratedShape);
    }
    @Override
    public void draw() {
        decoratedShape.draw();
        setRedBorder(decoratedShape);
    }
    private void setRedBorder(Shape decoratedShape){
        System.out.println("Border Color: Red");
    }
}
```

步骤 5：使用 RedShapeDecorator 来装饰 Shape 对象。

DecoratorPatternDemo.java 中的参考代码如下：

```
public class DecoratorPatternDemo {
    public static void main(String[] args) {
        Shape circle = new Circle();
        Shape redCircle = new RedShapeDecorator(new Circle());
        Shape redRectangle = new RedShapeDecorator(new Rectangle());
        System.out.println("Circle with normal border");
        circle.draw();
        System.out.println("\nCircle of red border");
        redCircle.draw();
        System.out.println("\nRectangle of red border");
        redRectangle.draw();
    }
}
```

步骤 6：验证输出。

输出结果如下：

```
Circle with normal border
Shape：Circle
Circle of red border
Shape：Circle
Border Color：Red
Rectangle of red border
Shape：Rectangle
Border Color：Red
```

2.3.6　适配器模式应用示例

有一个 MediaPlayer 接口和一个实现了 MediaPlayer 接口的实体类 AudioPlayer，默认情况下，AudioPlayer 可以播放.mp3格式的音频文件。还有另一个接口 AdvancedMediaPlayer 和实现了 AdvancedMediaPlayer 接口的实体类，该类可以播放.vlc 和.mp4 格式的文件。

现想要 AudioPlayer 播放其他格式的音频文件。为了复制 AdvancedMediaPlayer 接口的实体类来实现这个功能，需要创建一个实现了 MediaPlayer 接口的适配器类 MediaAdapter，并使用 AdvancedMediaPlayer 中的对象来播放音频文件。AudioPlayer 只需使用适配器类 MediaAdapter 传递所需的音频类型即可，不需要知道能播放音频的实际类。AdapterPatternDemo 类使用 AudioPlayer 类来播放各种格式的音频文件。适配器模式应用示例类图如图 2.3.3 所示。

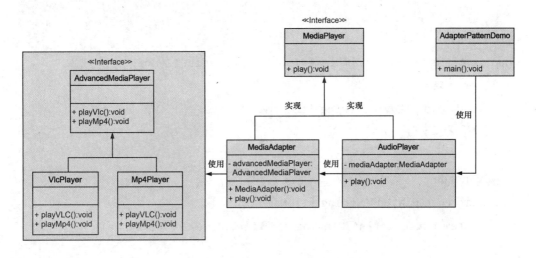

图 2.3.3　适配器模式应用示例类图

参考代码（使用 Java 语言）如下：

```java
//为媒体播放器和更高级的媒体播放器创建接口
// MediaPlayer.java
public interface MediaPlayer {
    public void play(String audioType, String fileName);
}
//AdvancedMediaPlayer.java
public interface AdvancedMediaPlayer {
    public void playVlc(String fileName);
    public void playMp4(String fileName);
}
//创建实现了 AdvancedMediaPlayer 接口的实体类
//VlcPlayer.java
public class VlcPlayer implements AdvancedMediaPlayer{
    @Override
    public void playVlc(String fileName) {
      System.out.println("Playing vlc file. Name:" + fileName);
    }
    @Override
    public void playMp4(String fileName) {
      //什么也不做
    }
}
//Mp4Player.java
public class Mp4Player implements AdvancedMediaPlayer{
    @Override
    public void playVlc(String fileName) {
      //什么也不做
    }
    @Override
    public void playMp4(String fileName) {
      System.out.println("Playing mp4 file. Name:" + fileName);
    }
```

```java
}
//创建实现了 MediaPlayer 接口的适配器类
//MediaAdapter.java
public class MediaAdapter implements MediaPlayer {
  AdvancedMediaPlayer advancedMusicPlayer;
  public MediaAdapter(String audioType){
    if(audioType.equalsIgnoreCase("vlc") ){
      advancedMusicPlayer = new VlcPlayer();
    } else if (audioType.equalsIgnoreCase("mp4")){
      advancedMusicPlayer = new Mp4Player();
    }
  }
  @Override
  public void play(String audioType, String fileName) {
    if(audioType.equalsIgnoreCase("vlc")){
      advancedMusicPlayer.playVlc(fileName);
    } else if(audioType.equalsIgnoreCase("mp4")){
      advancedMusicPlayer.playMp4(fileName);
    }
  }
}
//创建实现了 MediaPlayer 接口的实体类
//AudioPlayer.java
  public class AudioPlayer implements MediaPlayer {
    MediaAdapter mediaAdapter;
    @Override
    public void play(String audioType, String fileName) {
      //播放 .mp3 音乐文件的内置支持
      if(audioType.equalsIgnoreCase("mp3")){
        System.out.println("Playing mp3 file. Name: " + fileName);
      }
      //mediaAdapter 提供了播放其他文件格式的支持
      else if(audioType.equalsIgnoreCase("vlc")
```

```
                || audioType.equalsIgnoreCase("mp4")){
        mediaAdapter = new MediaAdapter(audioType);
        mediaAdapter.play(audioType, fileName);
    } else {
        System.out.println("Invalid media." + audioType + "format
not supported");
    }
  }
}


//使用 AudioPlayer 来播放不同类型的音频格式
//AdapterPatternDemo.java
public class AdapterPatternDemo {
    public static void main(String[] args) {
      AudioPlayer audioPlayer = new AudioPlayer();
      audioPlayer.play("mp3", "beyond the horizon.mp3");
      audioPlayer.play("mp4", "alone.mp4");
      audioPlayer.play("vlc", "far far away.vlc");
      audioPlayer.play("avi", "mind me.avi");
    }
}
//执行程序,输出结果
Playing mp3 file. Name：beyond the horizon.mp3
Playing mp4 file. Name：alone.mp4
Playing vlc file. Name：far far away.vlc
Invalid media. avi format not supported
```

2.3.7 代理模式应用示例

在代理模式中,需要创建具有原始对象行为的代理对象,以将其功能对接到外部。本示例需要创建一个 Image 接口和实现 Image 接口的具体类,设计 ProxyImage 类(该类是一个代理类),用于减少 RealImage 对象加载的内存/时间占用。演示类 ProxyPatternDemo 将使用 ProxyImage 类获取一个 Image 对象,以便根据需要加载和显示。代理模式应用示例类图如图 2.3.4 所示。

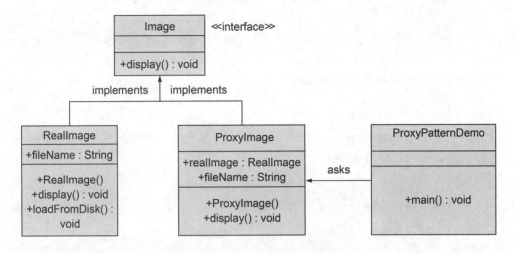

图 2.3.4　代理模式应用示例类图

参考代码(使用 Java 语言)如下：

(1)Image.java 中的参考代码如下：

```
public interface Image {
    void display();
}
```

(2)RealImage.java 中的参考代码如下：

```
public class RealImage implements Image {
    private String fileName;
    public RealImage(String fileName){
        this.fileName = fileName;
        loadFromDisk(fileName);
    }

    @Override
    public void display() {
        System.out.println("Displaying " + fileName);
    }


    private void loadFromDisk(String fileName){
```

```
    System.out.println("Loading " + fileName);
  }
}
```

（3）ProxyImage.java 中的参考代码如下：

```
public class ProxyImage implements Image{
  private RealImage realImage;
  private String fileName;

  public ProxyImage(String fileName){
    this.fileName = fileName;
  }

  @Override
  public void display() {
    if(realImage == null){
      realImage = new RealImage(fileName);
    }
    realImage.display();
  }
}
```

（4）ProxyPatternDemo.java 中的参考代码如下：

```
public class ProxyPatternDemo {
  public static void main(String[] args) {
    Image image = new ProxyImage("test_10mb.jpg");

    //image will be loaded from disk
    image.display();
    System.out.println("");

    //image will not be loaded from disk
    image.display();
```

```
    }
}
```

（5）Verify the output 中的参考代码如下：

```
Loading test_10mb.jpg
Displaying test_10mb.jpg
Displaying test_10mb.jpg
```

第 3 章　面向对象开发综合实验

本章主要介绍面向对象开发综合实验,通过若干个有一定开发工作量、相对复杂、独立的题目,使学生在实验过程中锻炼面向对象分析、设计能力,实现一个相对完整的应用。本章首先介绍了实验的编程环境、实验目标等基本情况,然后讲述了实验题目和相应要求,最后介绍了节选的面向对象开发综合实验的优秀实验示例。

3.1　实验说明

3.1.1　实验目标

通过若干个备选的相对复杂、独立的题目,学生可在实验过程中全面、系统地熟悉面向对象技术的基本概念和设计技术,分析、设计一个相对完整的应用,使用 UML 工具描述分析模型和设计方案,使用主流的 IDE 开发环境和 OOPL 编程语言进行实现;通过实验,学生可掌握使用面向对象技术进行程序设计、开发的思想和技能。

3.1.2　实验环境

(1)建模工具:支持 UML 建模工具,包括 Rational、Visio、Eclipse 插件、VS Code 插件等。

(2)开发环境:使用 Java,JDK 8 以上版本,Eclipse/IntelliJ IDEA;使用 C++/C♯,.Net Framework,Visual Studio IDE;使用 Python 等其他语言,安装相应的环境即可。

3.1.3　实验基本要求

采用项目小组的形式,结合具体的题目进行分析、设计和开发。具体要求如下：

(1)按项目小组形式进行分组,每组 2～5 人;也可以个人独立完成实验。

(2)项目组成员讨论、选定开发题目(可根据实验安排要求每个小组选择完成 1～2 个实验题目),讨论实验的设计方案、开发计划、人员分工等。

(3)按照实验要求进行设计、开发,完成后提交要求的相应文档和源代码,并演示开发结果。

(4)实验报告应包括的内容如下：①对所选定题目的功能、目标进行分析和描述:应使用 UML 用例模型描述。②设计思路:设计思路应说明如何使用面向对象的思想、方法实现题目所要求的功能。③设计方案:设计方案应包含详细的 UML 类图模型、主要对象的状态机模型、关键方法/算法的活动图模型、程序代码说明等。

3.1.4　考核方式

建议从多个角度对学生实验成绩进行考核,考核方法如下：

(1)考核内容:实验报告,包括对系统的分析、设计方案等。实验报告应具有可读性、清晰性、全面性。

考核方式:实验报告评价。

成绩占比:40%。

(2)考核内容:应用系统实现,系统应具备正确性、可靠性、健壮性、可 UI 交互等优点。

考核方式:程序演示。

成绩占比:50%。

(3)考核内容:在基础需求上所做的功能扩展。

考核方式:程序演示。

成绩占比:10%。

3.2　实验题目

实验题目 1:九宫格游戏

在 9×9 格的大九宫格中有 9 个 3×3 格的小九宫格,并且部分格子中有数字。根据已有数字,利用逻辑和推理,在其他的空格中填入正确数字(1~9)。每个数字在每个小九宫格内只出现一次,每个数字在每行、每列也只出现一次。九宫格游戏只需要逻辑思维能力,与数字运算无关。

设计要求:①可弹出游戏界面,方便用户操作,界面应易于用户理解。②可以选择游戏开始或重新开局。③可以判断正误,能给出正确答案,当输入的内容不符合要求时,弹出对话框,提示输入错误。④当答案不正确时,弹出对话框,提示答案错误;答案正确时,弹出对话框,显示答案正确。⑤在九宫格数独游戏界面和弹出的消息提示界面中均有相关的最小化、最大化、关闭等按钮。

实验题目 2:Solitaire 纸牌游戏

运用面向对象封装、继承、抽象类、抽象方法、多态、动态绑定等概念,利用面向对象技术设计一个简单的纸牌游戏。

Solitaire 纸牌游戏是单人纸牌游戏,牌桌上有 7 个牌组,共 28 张牌,第 1 组有 1 张牌,第 2 组有 2 张牌……第 7 组有 7 张牌,每一牌组的第一张牌朝上,其他朝下。牌桌上还有 4 个 Suit Piles 组、1 个 deck card 组和 1 个 discard card 组,布局如图 3.2.1 所示(参考 Windows 的纸牌游戏)。

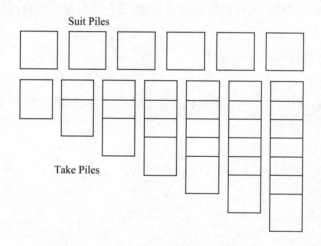

图 3.2.1　Solitaire 纸牌游戏的纸牌布局

实验题目 3:猜数字游戏

设计一个猜数字游戏。游戏开始后,自动产生一个没有重复数字的 4 位随机数,用户每猜一个数字,显示出两种结果:①完全猜对的数字个数。②猜对部分数字但位置错误时,会给出一组包含数字和字符 A、B 的字符串,格式如 $nAmB$。其中,nA 表示猜对数字且位置正确的数字有 n 个,mB 表示数字正确但位置不正确的数字有 m 个。例如,正确答案为 5234,如果用户猜 5346,则显示 1A2B,1A 表示有 1 个数字猜对且位置正确,2B 表示有 2 个数字猜对但位置不正确。然后,用户根据游戏提示的信息继续猜,直到猜对为止。同时设计规则,根据猜对的次数计算积分,并显示用户的积分排行榜。

实验题目 4:五子棋游戏

设计一个五子棋游戏(网络版/Web 版),游戏功能描述如下:在大于 9 条线的方形网格棋盘上,放置黑白两色棋子;两人各执一色,可以在任何 2 条线的交点上放置棋子;最先在同行、同列或者同对角线上有 5 颗同色棋子连成一条线者获胜。

实验题目 5:打字游戏

设计一个打字游戏(GUI 本地版),游戏功能描述如下:根据一篇文章或文本,自动导入单词,单词以下落或者淡入淡出形式出现,可同时出现多个单词;用户需快速打出屏幕上出现的单词,游戏判断对错并进行积分。

实验题目 6:媒体播放器

模拟实现一个多功能媒体播放器,它能播放音频(如.mp3 格式的歌曲)、视频(选做,不属于基本要求)。媒体播放器界面有进度条,可展示总播放时间、当前播放时间,进度条可拖动,有播放键、暂停键、快进键以及快退键。

实验题目 7:火车票售票系统

模拟实现一个火车票售票系统,系统可分为管理后端和售票前端两部分,实现 Web 应用或移动应用均可。系统功能有车次管理(车次、起止地点、到达时间、开车时间)、车票管理(车厢号、座位号)、售票、改签、退票、余票查询(直达、换乘等)、订单查询、用户管理等。

实验题目 8:送餐管理系统

模拟实现一个送餐管理系统,系统可分为平台管理端、餐馆管理端、骑手端和客户点餐端等部分,实现 Web 应用或移动应用均可。系统功能有餐馆加入、客户点餐、外卖接单、外卖送餐、评价(餐馆评价、送餐评价、客户评价)、查询等,各子系统和相应功能能够支持完整的订餐和送餐流程。

实验题目 9:仓库管理信息系统

在仿真实战环境下开发一个以产品化为导向的仓库管理信息系统,例如以电商或销售企业仓库为背景,建议实现一个 Web 应用系统。系统功能包括货品采购、销售、退货、领料、回料、借还、调拨及盘点等仓储业务,任意时期库存查询,支持对各种业务进行汇总、库存上下限报警、退货等异常处理。

实验题目 10:住院管理信息系统

在仿真实战环境下开发一个以产品化为导向的住院管理信息系统,建议实现一个Web 应用系统。系统功能包括病人住院、住院押金管理、病人处方和检查检验项目开立、病人出院、病人转科室、异常处理、基本数据维护、信息查询以及其他实用功能。

实验题目 11:小型网上书店管理系统

在仿真实战环境下开发一个以产品化为导向的小型网上书店管理系统,建议实现一个 Web 应用系统。系统功能包括书籍管理、客户管理、书籍销售(折扣)、书籍预售、退货、信息查询以及其他实用功能。

实验题目 12:共享单车管理系统

在仿真实战环境下开发一个以产品化为导向的共享单车管理系统,实现 Web 应用系统或移动应用系统均可。系统功能包括单车管理、骑行者管理、押金管理、骑行管理、信息查询以及其他分析出的实用功能。

实验题目 13:宾馆管理系统

在仿真实战环境下开发一个以产品化为导向的宾馆管理系统,支持宾馆在正常运营时对客房资源、顾客信息、结算信息等进行管理,及时了解各个环节中信息的变更。本系统适用于宾馆、酒店、招待所管理,主要功能包括团体、散客入住客人的信息登记,换房,正常退房,挂账退房,挂单补款结账,预定管理,贵宾卡管理,押金管理,处理统计报表,异常处理以及其他实用功能。

实验题目 14：物业管理系统

在仿真实战环境下开发一个以产品化为导向的物业管理系统，建议实现一个 Web 应用系统。系统功能包括主要信息管理（包括业主信息、房屋信息）、费用收取（包括物业费、水电燃气费、有线电视费、取暖费、车位费等）、信息查询、报表（月报表、季报表、年报表等）生成以及其他实用功能。

实验题目 15：单词频率统计系统

在仿真实战环境下开发一个单词频率统计系统，建议实现一个移动应用程序。系统功能描述如下：

(1)用户在控制台输入命令开始程序，制定需要统计单词的文本文件。

(2)检查文档是否存在，如果不存在就报告错误并返回。

(3)遍历文档，将每个不包含空格分隔符的字母序列视为一个单词。

(4)记录每个单词的出现次数。

(5)向控制台输出所有单词及其出现频率的列表，并分行降序排列。

实验题目 16：排序算法包

设计一个负责排序的算法包，实现多种排序算法，至少包括插入排序、冒泡排序和快速排序算法。要求：可以对任何简单类型和任意对象进行排序；可以支持升序、降序、字典排序等多种顺序要求；可以随意增加排序算法和顺序要求，保证其他程序代码不被修改；演示排序过程，演示速度可调整，可以单步操作，可以暂停或回退（选做，不属于基本要求）。

3.3　优秀实验节选

3.3.1　猜数字游戏

 **目标功能**

在实现实验要求的基础上，在游戏规则、设计模式上做出创新，增加扩展功能。实验

功能分析如下：

（1）双人对战功能（扩展功能）：游戏开始前，分别输入对战双方的用户名。进入游戏后双方各有一张名片卡（RoleTag）。名片卡上还有一个输入框和一个发送按钮，并显示玩家用户名。

名片卡记录五个属性：①机会，即本局游戏中我方剩余猜数字的次数，最大值为 6。②n 数，即我方累计完全猜对（数字和位置均正确）的数字个数。③m 数，即我方累计部分猜对（数字正确，位置不正确）的数字个数。④用时，即我方猜数字的累计用时。⑤翻牌次数，即我方已使用的猜数翻牌机会。

（2）计时器功能（扩展功能）：游戏开始时，在界面上方设有一个 120 s 的计时器。计时器与界面左边四个按钮（Start、Pause、Continue 和 Quit）配合使用。登录游戏后，计时器等待 Start 按钮传递的信号。

接收响应后，计时器在 120 s 内呈现五种不同状态。①绿色：剩余时间在 75% 以上，时间充裕。②橙色：剩余时间在 50% 以上，时间尚充裕，获得第 1 次翻牌机会。③黄色：剩余时间在 25% 以上，时间紧迫，获得第 2 次翻牌机会。④红色：剩余时间不足 25%，时间非常紧张，获得第 3 次翻牌机会。⑤灰色：剩余时间为 0，游戏结束，清算得分。在运行期间，计时器上还会显示当前轮到的玩家和回合数。

（3）时序控制（扩展功能）：游戏过程中，单击 Start/Pause/Continue/Quit 按钮，分别执行开始/暂停/继续/结束游戏操作。

（4）生成 4 位随机数（基础功能）：通过一个随机数生成器，生成 4 个互不相同的数字组成一个 4 位随机数，且首位非 0。4 位随机数会被 4 张卡片覆盖，对双方玩家不可见。4 位随机数会输出到控制台，游戏开始前由裁判查看。每获得一次翻牌机会（翻牌机会是公共的），任何一位玩家都可以选择查看其中 1 个数字，但是会付出相应的代价（结算分数时扣 50 分）。翻牌机会是可累积的，计时器变色时获得，最多累积 3 次。

（5）显示每回合猜数字结果（基础功能＋扩展功能）：将 120 s 的游戏时间分成 12 个回合，每位玩家各 6 个回合，每回合 10 s。在属于该玩家的 10 s 内，玩家获得 1 次猜数机会。若使用，名片卡上的机会数减 1；若不使用，名片卡上的机会数不变，且本回合的机会可以累积到下回合。猜数机会最多累积 6 次。若你已经用完了当前累积的次数，系统会提示"你的发送机会用完了"。每回合猜数字的结果显示在交流框上。

（6）输入合法性判断（扩展功能）：在发送消息到交流框的机制中，加入输入合法性判断：①判断输入的数字是否为 4 位。②判断输入的数字是否全为数字。③判断输入的 4 位数字是否重复。④判断输入的 4 位数字的首位是否为 0。

（7）后手公平机制（扩展功能）：由于本游戏是回合制游戏，存在先手、后手之分，先手占有一定优势。因此，加入了一个公平机制：当某一方猜出正确数字（4A0B）后，交流框上不会显示正确结果，而是显示 ****。同时，已猜出结果的玩家，接下来不能获得新的翻牌次数了。未猜出的玩家可以继续进行游戏,直到双方都猜出结果,或者时间结束。

(8)胜负判断机制(扩展功能):游戏结束有两种标识。①双方都猜出结果(游戏立刻结束)。②倒计时为 0(游戏自然结束)。胜负判断机制是根据游戏结束时双方玩家的积分来判定赢家的。积分计算公式如下:

$$玩家积分 = n \times 10 + m \times 5 + 机会 \times 50 - 用时 \times 2 - 翻牌次数 \times 50$$

可以看出:n 和 m 越大,消耗机会越少,用时越少,翻牌次数越少,玩家的赢面就越大。胜负结果最终会显示在交流框上。

总体设计

(1)双人对战功能(扩展功能):运用面向对象思想(即封装原则、继承原则、里氏替换原则)进行设计。将 2 位玩家抽象为 2 张名片卡(RoleTag),随机产生的 4 位数字抽象为 4 张数字卡(NumberTag)。RoleTag 类和 NumberTag 类都继承自父类 FatherTag(JLabel 组件)。FatherTag 类定义了 Tag 的规格与可视化,RoleTag 类的成员属性都是 private。

为了给 RoleTag 类定义用户名,Main 类的构造方法里使用 JOptionPane,将 Dialog 中输入的参数传递给 RoleTag 类的构造方法。RoleTag 类与计时器(Timebar 类)、交流框(Contact 类)都有交互。玩家单击发送按钮时,先判断游戏状态,然后调用 sendMSG 方法。sendMSG 方法再调用 Contact 类的 receiveText 方法。为了减少参数列表,可直接调用 Main 类的静态对象 timebar 和 contact。

(2)计时器功能(扩展功能):运用面向对象思想(即组合复用原则、多线程并发原则)进行设计。TimeBar 类是相对独立的,它是由 3 层 JLabel 组件组合复用形成的。底层是 turnbar,显示的是轮到玩家的回合数;中间层是 timebar,显示的是倒计时;上层是 colorbar,显示的是时间的颜色。底层和中间层对上层而言都是透明的。TimeBar 类中加入了两个 boolean 变量作为状态锁,P1Lock 表示玩家 P1 的状态,P2Lock 表示玩家 P2 的状态;状态锁为 true 时才表示现在轮到该玩家猜数翻牌。

TimeBar 类的核心方法是 timeflow,在接收 2 个参数 start、display 后,产生一个线程 t。这里采用了多线程的思想,线程 t 和主线程负责管理游戏的进行、TimeBar 的变色以及计时。

(3)时序控制(扩展功能):运用面向对象思想(即高内聚、封装原则)进行设计。在主面板 MainPanel 上定义 4 个私有的按钮类 JButton,单击按钮会改变游戏状态私有变量 gameStatus。gameStatus 仅对外提供一个 get 方法。

(4)生成 4 位随机数(基础功能):运用面向对象思想(即抽象、多态、动态绑定、组合复用原则)进行设计。FatherNumber 类是一个抽象类,其构造函数可以生成 N 位随机数,且首位可以为 0,数字可以重复。FatherNumber 类有两个抽象方法,分别为 getNum 和 getResult,前者获得某个数字,后者获取整个随机结果。SonNumber 类继承自

FatherNumber 类，重写了构造函数和方法。SonNumber 类生成首位不为 0，各位互不相同的随机数。系统通过父类引用指向子类对象，实现了动态绑定，体现了多态，如 FatherNumber son＝new SonNumber(4)；NumberTag 类承担了 SonNumber 类的生成结果。SonNumber 类只是 NumberTag 类的底层实现。NumberTag 类运用了组合复用原则，在 JLabel 上增加了一个同样大小的 JButton，可设置背景覆盖真实数字。当 JButton 受到满足条件的 Click（翻牌）时，隐藏 JButton，显示数字。如此使得 NumberTag 类成为一个有机整体，而无须过多的类。

（5）显示每回合猜数字结果（基础功能＋扩展功能）：运用面向对象思想（即迪米特法则、中介者设计模式）进行设计。Contact 类实现了结果显示。Contact 类继承自 JTextArea 类，作为多行文本框使用。Contact 类属于中介者类，对每一回合的游戏做一个广播。它在两个玩家 RoleTag 里起到重要的交互作用，封装了交互细节。Contact 类的 receiveText 方法承担了接收输入并产生结果的作用，compare 方法可比较玩家的输入和真实值的差异，dispGameResult 方法可显示游戏终局时的胜负。

（6）输入合法性判断（扩展功能）：输入合法性判断依赖 Contact 类的 compare 方法实现。这里的输入合法性判断采用了决策树思想，即判断位数→判断字符→判断首位→判断重复。

（7）后手公平机制（扩展功能）：运用面向对象思想（即封装原则）进行设计。在 Contact 类的 receiveText 方法中加入对输入的预判，设置一个私有布尔变量 someoneGet，表示是否有人猜出结果；设置一个私有成员变量 finishplayer，表示猜出结果的人数。若 finishplayer＝0，someoneGet＝true，则预判完全正确，隐藏结果，显示 ****。奖励第一名玩家，保证游戏能够继续进行下去，同时 finishplayer 加 1。经过一次预判后，finishplayer＝1。再次预判时，若正确，则游戏立刻结束，结算成绩。

后手公平机制的主要思想：①先预判输入，再显示结果。②落后的一方在时间结束前依然有机会。

（8）胜负判断机制（扩展功能）：运用面向对象思想（即封装、模块化、低耦合等原则）进行设计。单独写一个模块，将 ScoreCount 类作为胜负的指定方。该模块中封装了玩家积分计算公式。我们之前提到，RoleTag 类中封装了 5 个属性：机会、n、m、用时、翻牌次数。显然，积分与前 3 个属性呈正相关，与后 2 个属性呈负相关。由于该类的独立性，修改该类时，并不会影响到其他类，符合低耦合原则。

关键代码

程序的 UML 类图设计如图 3.3.1 所示。

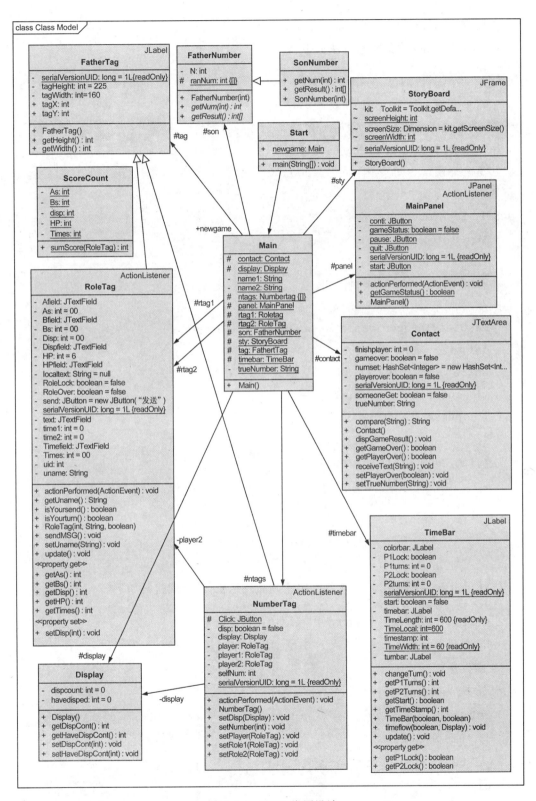

图 3.3.1　UML 类图设计

关键方法/算法的程序代码说明如下：

（1）SonNumber 类的构造方法如下：

```
# 创建一个随机数对象、一个哈希集合
# 哈希集合规模<N 时(这里 N 取 4),执行生成方法
# 在 0~9 之间生成随机数并加 1,产生不为 0 的随机数
# 由于集合的元素是不可重复的,因此可以将符合要求的元素加入
# 若集合规模产生了变化,说明加入元素成功,并且在随机数数组中给予它一个
位置。
public SonNumber(int N) {
    super(N);
    // 创建随机数对象
    Random r = new Random();
    // 创建集合
    HashSet<Integer>numset = new HashSet<Integer>();
    int size = 0;
    while (numset.size()<N) {
        int num = r.nextInt(9) + 1;
        numset .add(num);
        if (numset.size()>size) {
            ranNum[size] = num;
            size++ ;
        }
    }
}
```

（2）RoleTag 类的 sYoursend 方法用于判断发送权,其实现代码如下：

```
# 用户 id 对 2 取模,在 timebar 中获取用户的回合数
# 判断总机会是否大于 6。若大于 6,则本回合未发送
# 判断发送权
public boolean isYoursend() {
    int turns = 0;
    if (uid % 2 == 1)
        turns = Main.timebar.getP1Turns();
    else
```

```
    turns = Main.timebar.getP2Turns();
if (turns + HP>6)
// 本回合未发言
    return true;
else
    return false;
}
```

（3）RoleTag 类的 sendMSG 方法用于发送消息，其实现代码如下：

```
# 调用 Main 的静态对象 contact
# 调用 contact 的 receiveText 方法，参数为 localtext
# 获取玩家是否能继续游戏
# 恢复 contact 中的玩家锁
# 调用 contact 的 compare 方法，获取结果 result
# 根据结果的 mAnB，更新 RoleTag 的状态
public void sendMSG()
    localtext = text.getText();
    isSend = true;
    this.HP - = 1;
    Main.contact.receiveText(localtext);
    RoleOver = Main.contact.getPlayerOver(); // 获取玩家是否能继续游戏
    Main.contact.setPlayerOver(false); // 恢复 contact 里的玩家锁
    time1 = Main.timebar.getTimeStamp() / 10 * 10;
    time2 = Main.timebar.getTimeStamp();
    int deltaTime = time2 - time1;
    String result Main.contact.compare(localtext);
    if (result.length()4)
    // 表示 mAnB
    {
        //0'对应 48int m = result.charAt(0) - 48;
        int n = result.charAt(2) - 48;
        if(m==4)
    //奖励 50A
            this.As + = (m+ 50);
        else
```

```
        this.As + = m;
    this.Bs + = n;
    this.Times + = deltaTime;
    }
    update();
    if(Main.contact.getGameOver()==true)
        Main.contact.dispGameResult();
}
```

（4）RoleTag 类的按钮监听方法实现代码如下：

```
#  点击发送后,判断玩家锁
#  判断游戏状态(是正常游戏还是暂停)
#  判断时间条开始,判断游戏者身份,判断回合权,判断发送权
#  一切都符合,调用 sendMSG 方法
#  否则,发送机会用完
public vold actlonperformed(actlonevent e) {
    //TODO Auto- generated method stub
    if (e.getSource() == send) {
        // System.out.printin("send...");
        RoleLock isYourturn();
        //判断游戏状态
        if (MainPanel.getGameStatus() = true)
            if (Main. timebar. getStart ( ) = m true && Main. contact.
getGameOver() == false) {
                if (RoleLock = true && RoleOver false)
                    // 判断是你的回合,且能继续进行
                    if (isYoursend() == true)
                        sendMSG();
                        else
                          Main.contact.append("你的发送机会用完了;\n");
                    } else
                        Main.contact.append("不是你的回合;\n");
                }
            }
        }
}
```

（5）Contact 类的 receiveText 方法用于接收发送的消息，其实现代码如下：

```
# 调用 compare,先预判,再输出结果
# 若有玩家猜出结果,执行后手公平机制,隐藏结果,游戏继续
public void receiveText(String text) {
    if (compare(text).length() == 4 && compare(text).charAt(0) == 4')
        this.append("猜数:****");
        someoneGet == true;
      } else
        this.append("猜数:" + text +"");
    this.append("结果:"+ compare(text)+"\n");

    if (someoneGet == true && finishplayer == 0) {
        this.append("已有玩家猜出结果,奖励 50A,游戏继续进行\n");
        playerover = true;
        someoneGet = false;
        finishplayer++ ;
    }
    if (someoneGet == true && finishplayer == 1) {
        this.append("全部玩家猜出结果,奖励 50A,游戏结束\n");
        gameover = true;
        playerover = true;
        someoneGet = false;
        finishplayer++ ;
    }
```

（6）Contact 类的 dispGameResult 方法用于显示游戏结果，其实现代码如下：

```
# 游戏结束时,调用 ScoreCount 类的 sumScore 方法
# 根据 score 的大小,在 contact 中输出游戏结果和胜利者的名字
# 注意:游戏过程中,一直都是匿名的,只有公布结果时才是实名
public void dispGameResult() {
    int score1 = ScoreCount.sumScore(Main.rtag1);
    int score2 = ScoreCount.sumScore(Main.rtag2);
    this.append("player1 得分:" + score1 + "\n");
```

```
    this.append("player2得分:" + score2 + "\n");
    if (score1>score2)
        this.append("玩家 1:" + Main.rtag1.getUname() + "获胜\n");
    if (score1 == score2)
        this.append("平局\n");
    if (score1<score2)
        this.append("玩家 2:" + Main.rtag2.getUname() + " 获胜\n");
}
```

(7)ScoreCount 类的 scoreSum 方法用于计算游戏总得分,其实现代码如下:

```
# 根据游戏中获得的 A 数(即n )和 B 数(即m)、机会数、用时、翻牌数
# 赋予不同的评分权重,计算总得分
# 注意前三个因素是积极的,后两个因素是消极的
# 因为机会用得越少,用时越少,翻牌次数(相当于场外求助)越少,猜得越准确
//计算总分方法
public static int sumScore(RoleTag player) {
    int score 0;
    As = player.getAs();
    Bs = player.getBs();
    HP = player.getHPO);
    Times = player.getTimes();
    disp = player.getDisp();

    //得分计算公式
    score = As*10 + Bs*5 + HP*50 - Times*2 - disp*50;
    return score;
}
```

(8)TimeBar 类的 timeflow 方法用于实现计时器功能,其实现代码如下:

```
# 单独给 timebar 一个线程
# 游戏开始后,若游戏状态为 false(暂停),则线程挂起
# 游戏正常进行时,timebar 更新倒计时文字
# 倒计时模 10 为 0 时,交换控制权,线程休眠 1000 ms
```

\#　根据时间条的长度,令时间条变色,同时增加翻牌次数

```
@Suppressnarnings("deprecation")
public void timeflow(boolean start, Display display) {
    this.start m start;
    int count = 0;
    PiLock = true; // 玩家 1 解锁
    Piturns = 1;
    //boolean half = false;
    Thread t = new Thread(); // 单独给 timehar 一个线程
    while (start) {
        try {
            if (MainPanel.getGameStatus() == false)
                t.step();
            if (MainPanel.getGameStatus() == true) {
                timebar.setText(120 - count + "");
                if ((120 - count) % 10 == 0 && (count ! = 0))
                    changeTurn();// 交换控制权
                Thread.sleep(1000);
                count++;
                timestamp = count;
                Timelocal -= 5;
                update();
                // 时间条变橙色
                if (Timelocal == 450) {
                    colorbar.setBackground(ColorORANGE);
                    display.setDispCont(1);
                }
                /时间条变黄色
                if (Timelocal == 300) {
                    colorbar.setBackground(Color.YELLOW);
                    display.setDispCont(2);
                }
                //时间条变红色
```

```
        if (TimeLocal == 150) {
            colorbar.setBackground(Color.RED);
            display.setDispCont(3);
        }
        if (Timelocal == 0) {
            timebar.setFont(new Font("宋体", Font.PLAIN,30));
            timebar.setText("Game Over");
            display.setDispCont(4);
            start = false;
            this.start = start;
            System.out.println("over.");
            Main.contact.dispGameResult();
        }
    }
} 
catch (InterruptedException e) {
    e.printStackTrace();
}
```

实验进度计划

实验进度计划管理如表 3.3.1 所示。

表 3.3.1　实验进度计划

实验周数	开发计划	进度管理	备注
1	选题:确定实验题目,构思设计思路	延后完成	选题比较困难
2	确定选择"猜数字游戏",画出 UML 类图草稿,厘清类之间的关系	如期完成	—
3	完成底层设计,即设计随机数生成器的父类和子类,在控制台实现游戏模型	如期完成	先做出一个简单的模型-等待后期优化
4	开始设计 GUI:设计 RoleTag 类、Contact 类、NumberTag 类、StoryBoard 类	如期完成	—
5	功能迭代:采用多线程思想,加入 TimeBar 类、ScoreCount 类	如期完成	ScoreCount 类是独立模块

续表

实验周数	开发计划	进度管理	备注
6	美化界面外观,进行性能测试,提前完成实验任务	提前完成	—
7	向助教演示实验,听取经验	如期完成	—
8	代码重构,精简类,重绘 UML 图,撰写实验报告	如期完成	UML 图比较大

运行效果

主要界面的运行效果如图 3.3.2 至图 3.3.4 所示。

图 3.3.2　游戏开始界面

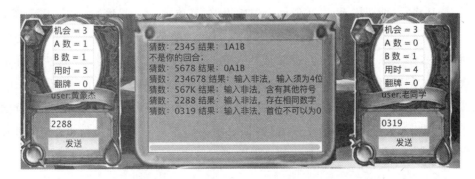

图 3.3.3　游戏过程中的猜数界面

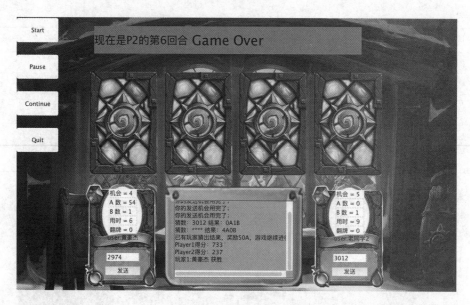

图 3.3.4　游戏结束界面

实验感想和收获

　　本次面向对象实验为期八周,完成了猜数字游戏的图形用户界面设计,从可行性分析到设计、从编程到测试,用到了封装、继承、多态、动态绑定、抽象类等面向对象技术,以及中介者设计模式、组合复用原则、迪米特法则等设计原则。

　　猜数字游戏的底层设计思想比较简单,实质上就是一个黑盒游戏,我们不知道背后的 4 位随机数是什么,通过一次次的尝试,来猜想其内部的排列与组合。因此,初期构想是:这个游戏必须两个人玩,而且要有计时。初稿是 PVE 模式的,也就是人机对战。作为机器人的一方可以将先前所有的输入、输出作为训练集,进行深度学习,每次训练都会得到每个数位上各数字(0~9)的正确概率,并选择概率最高的数字进行猜测。然而,这就产生了一个问题:在 10 s 的时间限制下,人可能永远赢不了机器。为此,我们又把游戏改为了 PVP 模式,即双人对战;采取回合制的思路,双方各 10 s,只猜 1 次。为了增加游戏的公平性,又引入了一个新的机制——翻牌,时间进度条设为 120 s,每 30 s 会变色一次。时间进度条从绿色变为橙色,然后变为黄色,最后变为红色,每次变色,两个玩家获得一次公共的翻牌机会,可以偷看被覆盖的数字,但是翻牌者要付出扣分的代价。但游戏依然存在不公平的地方:一方猜出结果后,另一方可能也有机会猜出结果,只可惜没轮到他。因此设定:一方猜出结果的瞬间,界面显示为四个星号,游戏继续进行,直到另一方猜出结果或时间截止。这样,游戏的可玩性进一步提高。

3.3.2 Solitaire 纸牌游戏

目标功能

(1)基本功能:①实现包含各个牌组的游戏界面;②设计包含各自功能的各种牌组;③实现卡牌拖动;④实现胜利条件判断;⑤判断是否符合游戏规则。

(2)扩展功能:①胜利动画播放功能;②计时器功能;③难度选择功能;④提示功能;⑤撤销功能;⑥重新开始功能;⑦音效功能。

总体设计

(1)面向对象设计分析:纸牌游戏的面向对象设计可从封装,继承、抽象与多态,动态绑定,组件化四个方面分析。

①封装:根据功能需求分别封装负责不同功能的类,如最基本的操作对象牌(Card)类、表示不同类型的各种牌组(CardGroup)类等。每个类由不同的数据、方法封装而成,通过直接调用类所生成对象的方法来实现某项功能,可避免直接使用基本代码,将复杂的问题简单化,如给 Card 类添加 getColor 方法直接获取卡牌的颜色。

②继承、抽象与多态:对于各种牌组的设置需要使用继承、抽象与多态。首先,设置抽象类 CardGroup 来大致设定"牌组"这一类型对象所包含的方法,而它不需要生成实例;其次,Initial_CardGroup 类继承抽象类 CardGroup,并对其中声明的抽象方法进行实现;最后,其他各个类型的牌组继承 Initial_CardGroup 类,可对其中的部分方法进行覆盖或添加自己特有的方法,用以生成各个类型牌组的实例。对各个类进行操作时,也会利用其多态特性进行简单的改写。对于不确定类型的牌组,将使用其父类进行声明,利用多态进行实际操作。

③动态绑定:动态绑定体现在对于各个类及其方法的调用中。

④组件化:各个附加功能组件以组合形式添加到整个系统中,可以随时更换而不影响总体代码。

(2)功能设计:采用绘图功能进行设计。先设计逻辑层的各个部件的摆放方式,再对已经设计好的逻辑层通过 paint 的方法绘制出来,从而使可视层跟随逻辑层变化,而不是组件的移动带动逻辑层变化,这种方法使设计思路更加清晰明了,代码实现也更加条理。

①卡牌类设计:设置 Card 类来作为此次设计的最基础类型,其包含了卡牌功能实现所需的属性和操作,包括颜色、点数、花色、面向及其 set 与 get 方法。设置 draw 方法来对该卡牌进行可视化绘制(实质是将花色和点数对应的图片绘制出来)。

②牌组类设计：

a.CardGroup 类：设置卡牌类共有的方法，包括 size（获取牌组大小）、pop（移出最顶端卡牌）等方法声明。

b.Initial_CardGroup 类：Initial_CardGroup 类是最基础的非抽象类，继承自 CardGroup 类，并对其中的抽象方法加以实现。Initial_CardGroup 类利用多态对不明确类型的牌组进行操作，也用于生成其他的牌组类。所有的牌组类都使用堆栈（Stack）作为底层数据结构，既可使用 add 等方法向牌组中添加卡牌，也可利用堆栈的 peak 方法来设计 top 方法，以获取牌组顶部的卡牌，并使用 display 方法进行可视化绘制（因为实际可视化实现中没有使用此类的牌组，所以此方法实际是用于子类的继承或改写）。

c.Main7_CardGroup 类：本实验题目中的 TablePiles 类，表示位于台面上的最主要的七组牌组继承自 Initial_CardGroup 类，其主要特点是可以定义自己的属性（如 backedNum 用来表示当前状态下牌组里背面向上的卡牌数）和重写或新添加属于自己的方法（如重写父类的 addCard 方法，用 ArrayList〈Card〉向牌组中添加卡牌，实现多卡牌同时移动）。在最终的实现上，七组卡牌按顺序存放在数组中，表示台面上的七组 TablePiles。TablePiles 类改写了父类的 display 方法，通过设置分隔（separation）来设置卡牌之间的间隔，实现题目要求的展示效果。

d.Destination_CardGroup 类：本实验题目中的 SuitPile 类，用来存放已经完成操作的卡牌（总共四组，分别对应四种花色），其重写了父类的 isCanAdd 方法来判断是否可以将卡牌添加到此牌组中（花色一致且点数比该牌组的顶部卡牌大 1），设置 isComplished 方法来判断是否已经完成了这个花色的排序（用来作为胜利条件的判断）。

e.Negativeof2_CardGroup 类：本实验题目中的 DisCard 类，用来存放没有反转到 DeckCard 牌组的卡牌，单击此牌组可翻开一张牌。

f.Positiveof2_CardGroup 类：本实验题目中的 DeckCard 类，用来存放反转之后的卡牌，此牌组的卡牌可以拖拽。DeckCard 类重写了父类的 addCard 方法，用来确保添加进去的卡牌正面朝上。

每个牌组类都有一个 name 属性和一个 getName 方法用于试验调试。

③可视化窗口相关类：

a.Starter 类：继承自 JFrame 类，设置游戏正式开始前的引入界面和难度选择界面，其中还包括提示信息、游戏记录的访问按钮。

b.GameRecords_Frame 类：用来显示游戏记录。

c.Firework_Frame 类：用来承载游戏胜利时的胜利动画面板。

d.JFrame_Initialize 类：用来显示最主要的游戏窗口，上方放置游戏响应和展示的区域，下方左侧放置计时器及游戏暂停按钮，右侧放置提示、重新开始、撤销按钮。同时，该类还加入了 Audio_Player 方法，以实现在游戏过程中播放相应的音效。

④逻辑层布置：

a.LogicalSetup_MoveJudge 类：用于设置整个设计中最关键的逻辑实现部分，使用静态代码块对各部分的各个牌组进行逻辑层面的布置，其方法及参数大多是静态的；设置各个牌组对应坐标区域的监控方法，用来判断有没有选中此牌组及其相关的状态，并使选中牌组进入移动状态（先判断是否选中该区域且牌组非空，然后将选中的卡牌移动到Move_Tempstore，即移动暂存中，表示这些卡牌正在移动）；设置双击检测方法，实现利用双击将符合条件的卡牌自动移动到 destination 牌组中；设置判断方法，判断是否可以将卡牌放置到某一牌组中，以及设计没有完成牌组转换时的卡牌返回原始牌组的方法。上述设置都是逻辑层面的设置，PanelSetup_MouseFunction 类将根据这些逻辑层设置来绘制整个游戏的画面。

b.Move_Tempstore 类：一个存在于逻辑层面、只会在移动中被可视化的类，可作为移动卡牌的一个暂存空间使用；也是一个类似于牌组的数据结构，具备一般牌组的 pop、addCard 和 PanelSetup_MouseFunction 等方法；设有自己的 display 方法，用于在鼠标位置绘制出卡牌，可配合 PanelSetup_MouseFunction 中的 mouseDragged 方法实现移动的动态效果。

⑤实际可见层实现：实现包含各个牌组的游戏界面。

a.PanelSetup_MouseFunction 类：将逻辑层予以实现，生成一个游戏面板（一个JPanel），并判断鼠标动作的类。

b.paintComponent 类：实现各个牌组的绘制（即通过 for 循环结构依次调用存于数组内的牌组的绘制方法），并通过 rollback 方法实现撤回功能。在鼠标监听器的各个方法中调用 LogicalSetup_MoveJudge 类方法（静态方法）来实现逻辑层的改变，在结束时调用repaint 方法来更新整个游戏画布。卡牌移动是通过在 mouseDragged 方法中调用repaint 方法，不断执行重绘卡牌命令来实现的。该类的最终功能是生成一个游戏面板JPanel，并将其放置在 JFrame_Initialize 窗口的上方。

⑥各附加功能：

a.Audio_Player 类（完成功能：音效）：用于播放音频，包括卡牌拿起、放下、反转、胜利等音效。该类使用一个 java 外部库文件 jl1.0.1.jar 实现简单的音频播放，并继承 Thread类来实现在新的线程中运行音频播放功能，以防止进程堵塞。

b.FireWork 类：用于胜利后的胜利动画效果播放，其实现的效果是单击交互窗口中的任意位置均可以从底部发射烟花，到达单击位置后散开，形成一组同心圆，且最后的黑色图案不会消失。

c.GameTimer 类：使用简单的计数器，来使预先定义的整值每秒加 1，秒数达到 60 后分数加 1，秒数清零，最后整合在一个 String 中进行输出（每秒改变一次 JLable 的文本内容）；定义暂停功能来实现游戏暂停，其实质是将当前的数值暂存起来并取消计数器，再次开始时使计数器从存储的时间继续计时。

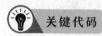关键代码

程序设计的包结构如图 3.3.5 所示。

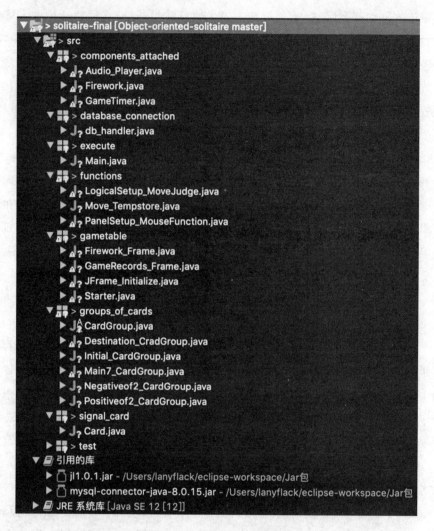

图 3.3.5　程序设计的包结构

(1)逻辑层的页面布局:先将总共 52 张卡牌全部存放在 allCards 数组中,再利用随机数将数组中的数据随机地交换顺序,从而生成随机的牌组,通过 for 语句等更改各个牌组的 x、y 属性,从而在逻辑上设置好它们的位置,最后将每个 TablePile 中的最上面的卡牌设置为正面向上,即完成了整个游戏页面的布局。代码如下:

```
allCard = new ArrayList<Card>();
    for (int i = 0; i<4; i++ )
        for (int j = 0; j<= 12; j++ )
            allCard.add(new Card(j, i));
    Random generator = new Random();
    for (int i = 0; i<52; i++ ) {//通过交换和随机数产生的 index 对 allCard
数组进行初始化
        int j = Math.abs(generator.nextInt() %52);
        Card temp = allCard.get(i);
        allCard.set(i,allCard.get(j));
        allCard.set(j,temp);
    }
    cardGroups = new Initial_CardGroup[13];
    Destination = new Destination_CradGroup[4];
    Main7 = new Main7_CardGroup[7];
    cardGroups[0] = Negativeof2 = new Negativeof2_CardGroup(50, 40);
    cardGroups[1] = Positiveof2 = new Positiveof2_CardGroup(50+ Card.
width+ 50, 40);
    for (int i = 0; i<4; i++ )
        cardGroups[2+i] = Destination[i] =
            new Destination_CradGroup(106+Card.width+50+Card.width+
150+(50+Card.width) * i, 40);
    for (int i = 0; i<7; i++ )
        cardGroups[6+i] = Main7[i] =
            new Main7_CardGroup(50+(50+Card.width) * i, 40+Card.height
+40, i);
    for (int i = 0; i<7; i++ ){
    ArrayList<Card>al = new ArrayList<Card>();
    for(int j = 0;j<Main7[i].getallCardsNum();j++ ){
        al.add(allCard.remove(allCard.size()-1));
    }
    Main7[i].addCard(al);
    Main7[i].setallCardsNum(Main7[i].getbackedNum()+ 1);
    Main7[i].top().setFaceup(true);
    }
```

（2）实现卡牌拖动：首先定义 paintComponent 方法以备重绘时调用，其中的 x、y 为全局变量，在 mouseDragged 方法中被不断刷新。调用 repaint 来实现实时刷新，以此实现卡牌拖动。代码如下：

```
protected void paintComponent(Graphics g) {
    // TODO Auto-generated method stub
    //ImageIcon icon = null;
    Image img = null;
    try {
        img = ImageIO.read(new File("Card/bg6.png"));//设置游戏桌面
背景
    } catch (IOException e) {
        // TODO 自动生成的 catch 块
        e.printStackTrace();
    }
    g.drawImage(img,0,0,this.getWidth(),this.getHeight(),this);//生成
panel背景
    for (int i = 0; i<13; i++ ) {
        LogicalSetup_MoveJudge.cardGroups[i].display(g);//生成牌组
        LogicalSetup _ MoveJudge. moveCard. display (g, x, y);//调用
repaint 来实现移动
    }
    public void mouseDragged(MouseEvent e){
        // TODO Auto-generated method stub
        isDrag = true;
        x = e.getX();
        y = e.getY();
        //System.out.println("Drag");
        repaint();
    }
```

（3）实现撤销：首先在逻辑层初始化时为每个牌组设置一个 size 属性，用于表示当前的卡牌数；然后设置一个方法，通过每个牌组中卡牌数的变化来寻找某一次移动的初始牌组和终点牌组以及移动的卡牌数，并将这些信息记录在一些变量中，从而可以将终点牌组移动的卡牌 pop 出来，并再次添加回初始牌组，即完成撤销操作。代码如下：

```
public void rollback() {
      try {
      //System.out.println("test111");
      if(from.top() ! = null && to.top() ! = null) {
      System.out.println(from.getName());
      System.out.println(to.getName());
      System.out.println(movedNum);
      if(from.getName().equals("No2")){
          to.top().setFaceup(false);
          from.addCard(to.pop());
      }
      else if(from.getName().equals("Po2")) {
      from.addCard(to.pop());
      }
      else if(from.getName().equals("Main7")) {
          Main7_CardGroup from1 = (Main7_CardGroup)from;
          int uppedNum = from1.getallCardsNum()-from1.getbackedNum
();
          if(preUppedNumofFrom == 1) {
              cardList = new ArrayList<Card> ();
          for(int i = 0;i<movedNum;i++ ) {
              cardList.add(to.pop());
          }
          from1.setbackedp1();
          from1.top().setFaceup(false);
          from1.addCard(cardList);
          }
          else if(preUppedNumofFrom>1 && movedNum<uppedNum) {
            cardList = new ArrayList<Card>();
              ArrayList<Card>cardListtTemp = new ArrayList<Card>();
          for(int i = 0;i<movedNum;i++ ) {
            cardList.add(to.pop());
          }
```

```
            for(int j = cardList.size()- 1;j>= 0;j-- ){
                cardListtTemp.add(cardList.get(j));
                }
                from1.addCard(cardListtTemp);
                LogicalSetup_MoveJudge.refreshMain7();
                }
                Else {
                cardList = new ArrayList<Card>();
                    ArrayList<Card>cardListtTemp = new ArrayList<Card>();
                from1.top().setFaceup(false);
        from1.setbackedp1();
                for(int i = 0;i<movedNum;i++ ) {
                    cardList.add(to.pop());
                }
                for(int j = cardList.size()- 1;j>= 0;j-- ){
                    cardListtTemp.add(cardList.get(j));
                }
                from1.addCard(cardListtTemp);
                LogicalSetup_MoveJudge.refreshMain7();
                }
        }
        }
        else {
         if(from.top() == null) {
            Main7_CardGroup from1 = (Main7_CardGroup)from;
            if(movedNum == 1) {
                cardList = new ArrayList<Card>();
                cardList.add(to.pop());
                from.addCard(cardList);
            }
        else {
            cardList = new ArrayList<Card>();
        ArrayList<Card>cardListtTemp = new ArrayList<Card>();
```

```
        //from1.top().setFaceup(false);
        from1.setbackedNum(0);
        for(int i = 0;i<movedNum;i++) {
            cardList.add(to.pop());
        }
        for(int j = cardList.size()-1;j> = 0;j--){
            cardListtTemp.add(cardList.get(j));
        }
        from1.addCard(cardListtTemp);
        LogicalSetup_MoveJudge.refreshMain7();
        }
        }
}
LogicalSetup_MoveJudge.refreshSize();
    repaint();
    }catch(NullPointerException e) {
    }
    }
```

（4）实现信息提示：依次检查各个可以移动的牌组（TablePiles 牌组和 DeckCard 牌组）的顶部卡牌（或一组卡牌），看其是否可以移动到某些可以放置卡牌的牌组（SuitPile 牌组和 TablePiles 牌组）上。若判断期间有符合要求的牌组就停止并提示此牌组，如果到最后没有发现符合要求的牌组则提示无牌可动。代码如下（输出的文本可以表示判断的层次）：

```
public static void help() {
    boolean issolved = false;
    Color colorfrom = null;
    Color colorto = null;
    String huasefrom = null;
    String huaseto = null;
    String pointfrom = null;
    String pointto = null;
```

```
    int pointfromi = 0;

    int pointtoi = 0;

    System.out.println("help:开始判断");

    //先判断 Po2 的情况

    if(Positiveof2.top() == null) {

        System.out.println("help:判断 Po2  Po2 为空");

    }

    else {

        System.out.println("help:判断 Po2  Po2 非空");

        huasefrom = getTypeByNum(Positiveof2.top().getType());

        pointfromi = Positiveof2.top().getNum();

        pointfrom = getPointByNum(pointfromi);

        colorfrom = Positiveof2.top().getColor();


        if(pointfrom.equals("A")) {

            System.out.println("help:判断 Po2  Po2 非空  点数为 A,移动
到 des");

            JOptionPane.showMessageDialog(null,"可以将【点数为 A,花色
为" + huasefrom + "】移动到【上方目标牌组】。","Game Message",JOptionPane.
INFORMATION_ MESSAGE,icon);issolved = true;

        }

        else {

            System.out.println("help:判断 Po2 非空  点数不是 A,开始判
断 7 组 Main 牌组");

            for(int i = 0;i< = 6;i++) {

                System.out.println("help:判断 Po2  Po2 非空  点数不是
A,开始判断 7 组 Main 牌组  第"+(i+1)+"个 Main 牌组");

                if(Main7[i].top() == null) {

                    System.out.println("help:判断 Po2  Po2 非空  点数
不是 A,开始判断 7 组 Main 牌组  第"+(i+1)+"个 Main 牌组  该牌组为空,判断是
否为 K");

                    if(pointfrom.equals("K")) {
```

```
                    System.out.println("help:判断 Po2   Po2 非空   点数
不是 A,开始判断 7 组 Main 牌组   第"+(i+1)+"个 Main 牌组   该牌组为空,判断是
否为 K   是 K");
                    JOptionPane.showMessageDialog(null,"可以将【点数
为 K,花色为"+ huasefrom+ "】移动到【下方空牌组,牌组编号:"+ (i+ 1)+ "】.","
Game Message", JOptionPane.INFORMATION_MESSAGE,icon);issolved = true;
                }
                else {
                    System.out.println("help:判断 Po2   Po2 非空   点数
不是 A,开始判断 7 组 Main 牌组  第"+(i+1)+"个 Main 牌组   该牌组为空,判断是否
为 K   不是 K");
                }
            }
            else {
                    System.out.println("help:判断 Po2   非空   点数不是
A,开始判断 7 组 Main 牌组   第"+(i+1)+"个 Main 牌组    该牌组非空,判断牌组顶
部的 Card 是否符合要求");
                huaseto = getTypeByNum(Main7[i].top().getType());
                pointtoi = Main7[i].top().getNum();
                pointto = getPointByNum(pointtoi);
                colorto = Main7[i].top().getColor();
                if(colorto! = colorfrom && pointfromi ==(pointtoi
-1)) {
                    System.out.println("help:判断 Po2   Po2 非空   点数
不是 A,开始判断 7 组 Main 牌组   第"+(i+ 1)+"个 Main 牌组   该牌组非空,判断牌
组顶部的 Card 是否符合要求   符合要求,移到此牌组");
                    JOptionPane.showMessageDialog(null,"可以将【上
方点数为"+pointfrom+",花色为"+huasefrom+"】移动到【下方点数为"+pointto
+",花色为"+huaseto+"】的卡牌。","Game Message", JOptionPane. INFORMATION
_MESSAGE, icon); issolved = true;
                }
                else {
```

```
                System.out.println("help:判断 Po2  Po2 非空 点
数不是 A,开始判断 7 组 Main 牌组  第"+(i+1)+"个 Main 牌组  该牌组非空,判断
牌组顶部的 Card 是否符合要求  不符合要求");
                }
            }
        }

        System.out.println("help:判断 Po2  Po2 非空  点数不是 A,开
始判断 7 组 Main 牌组  不能移动到 Main 牌组,开始判断 des");
            for(int k = 0; k< = 3; k++ ) {
            System.out.println("help:判断 Po2  Po2 非空  点数不是
A,开始判断 7 组 Main 牌组  不能移动到 Main 牌组,开始判断 des  判断第"+(k+
1)+"组 des");
                if(Destination[k].top() == null) {
                    System.out.println("help:判断 Po2  Po2 非空  点数
不是 A,开始判断 7 组 Main 牌组  不能移动到 Main 牌组,开始判断 des  判断第
"+(k+1)+"组 des  该组为空");
                }
                else {
                    System.out.println("help:判断 Po2  Po2 非空  点数
不是 A,开始判断 7 组 Main 牌组  不能移动到 Main 牌组,开始判断 des  判断第
"+(k+1)+"组 des  该组不为空,开始判断是否符合要求");
                    huaseto = getTypeByNum(Destination[k].top().
getType());

                    pointtoi = Destination[k].top().getNum();
                    pointto = getPointByNum(pointtoi);
                    colorto = Destination[k].top().getColor();
                    if(huaseto == huasefrom && pointfromi==(pointtoi+
1)) {
                        System.out.println("help:判断 Po2   Po2 非空
点数不是 A,开始判断 7 组 Main 牌组  不能移动到 Main 牌组,开始判断 des  判断
第"+ (k+ 1)+ "组 des  该组不为空,开始判断是否符合要求  符合要求,移动到该
牌组");
```

```
                    JOptionPane.showMessageDialog(null,"可以将
【上方点数为"+pointfrom+",花色为"+huasefrom+"】移动到【上方 des 组点数为
"+pointto+",花色为"+huaseto+"】的卡牌。","Game Message",JOptionPane.
INFORMATION_MESSAGE,icon); issolved = true;
                }
                else {
                    System.out.println("help:判断 Po2　Po2 非空
点数不是 A,开始判断 7 组 Main 牌组　不能移动到 Main 牌组,开始判断 des　判断
第"+(k+1)+"组 des　该组不为空,开始判断是否符合要求　不符合要求");
                }
            }
        }
    }
}


//判断 7 组 Main 牌组的情况
System.out.println("help:第一轮判断结束,不符合要求,开始判断 7 组
Main 牌组");
for(int a = 0;a< = 6;a++ ) {
    System.out.println("help:判断第"+(a+1)+"组 Main 牌组");
    if(Main7[a].top()== null) {
        System.out.println("help:判断第"+(a+1)+"组 Main 牌组
该组为空");
    }
    else {
        System.out.println("help:判断第"+(a+1)+"组 Main 牌组
该组非空");
        huasefrom = getTypeByNum(Main7[a].top().getType());
        pointfromi = Main7[a].top().getNum();
        pointfrom = getPointByNum(pointfromi);
        colorfrom = Main7[a].top().getColor();

        if(pointfrom.equals("A")) {
```

```
                    System.out.println("help:判断第"+(a+1)+"组
Main 牌组  该组非空  顶部 Card 点数为 A,移动到 des");
                    JOptionPane.showMessageDialog(null,"可以将【点数
为 A,花色为"+huasefrom+"】移动到【上方目标牌组】。","Game Message",
JOptionPane.INFORMATION_ MESSAGE,icon);issolved = true;
                }
            else {
                    System.out.println("help:判断第"+(a+1)+"组 Main 牌
组  该组非空   顶部 Card 点数不为 A,开始判断是否可以移到 des");
                    for(int b = 0; b< = 3; b++ ) {
                        System.out.println("help:判断第"+(a+1)+"组
Main 牌组  该组非空   顶部 Card 点数不为 A,开始判断是否可以移动到 des
判断是否可以移动到第"+(b+1)+"组 des");
                        if(Destination[b].top() == null) {
                        System.out.println("help:判断第"+(a+1)+"组
Main 牌组  该组非空  顶部 Card 点数不为 A,开始判断是否可以移到 des  判断
是否可以移动到第"+(b+1)+"组 des   该组为空");
                        }
                        else {
                        System.out.println("help:判断第"+(a+1)+"组
Main 牌组  该组非空  顶部 Card 点数不为 A,开始判断是否可以移动到 des  判
断是否可以移动到第"+(b+1)+"组 des   该组不为空,判断此 Main 牌组的 Card 是
否符合要求");
                            huaseto = getTypeByNum(Destination[b].top().
getType());
                            pointtoi = Destination[b].top().getNum();
                            pointto = getPointByNum(pointtoi);
                            colorto = Destination[b].top().getColor();
                            if ( huaseto = = huasefrom && pointfromi = =
(pointtoi+1)) {
                            System.out.println("help:判断第"+(a+1)+"组
Main 牌组   该组非空  顶部 Card 点数不为 A,开始判断是否可以移动到 des  判
断是否可以移动到第"+(b+1)+"组 des   该组不为空,判断 Main 牌组的 Card 是否
符合要求   如是,移到此牌组");
```

```
                            JOptionPane.showMessageDialog(null,"可以将
【点数为"+ pointfrom+ ",花色为"+ huasefrom+ "]移动到【上方对应目标牌组】。","
Game Message", JOptionPane.INFORMATION_MESSAGE,icon);issolved = true;
                          }
                          else {
                            System.out.println("help:判断第"+(a+1)+"组
Main 牌组  该组非空  顶部 Card 点数不为 A,开始判断是否可以移动到 des  判
断是否可以移动到第"+(b+1)+"组 des  该组不为空,判断此 Main 牌组的 Card 是
否符合要求  不符合要求");
                          }
                        }
                      }
                    System.out.println("help:判断第"+(a+1)+"组 Main 牌组
该组非空  顶部 Card 点数不为 A,开始判断是否可以移动到 des  不可以移动到
des,继续判断 Main 牌组间的移动");
                  }

                  if( Main7[a].getuppedNum() == 1) {
                    System.out.println("help:判断第"+(a+1)+"组 Main 牌组  该
组非空  顶部 Card 点数不为 A,开始判断是否可以移动到 des  不可以移动到 des,继
续判断 Main 牌组间的移动  起始 Main 牌组只有一张正面向上的卡");
                    for(int c = 0 ; c< = 6 ; c++ ) {
                      System.out.println("help:判断第"+(a+1)+"组 Main 牌
组  该组非空      顶部 Card 点数不为 A,开始判断是否可以移到 des  不可以移
动到 des,继续判断 Main 牌组间的移动 起始 Main 牌组只有一张正面向上的卡
判断该卡能否移动到第"+(c+1)+"Main 牌组");
                      if(Main7[c].top() == null) {
                        System.out.println("help:判断第"+(a+1)+"组 Main 牌
组  该组非空  顶部 Card 点数不为 A,开始判断是否可以移动到 des  不可以移动
到 des,继续判断 Main 牌组间的移动  起始 Main 牌组只有一张正面向上的卡  判
断该卡能否移动到第"+(c+1)+"Main 牌组  目标牌组为空,判断 point 是否为 K");
                        if ( pointfrom. equals ( "K") && Main7 [ a ].
getbackedNum()! = 0) {
```

```
                            System.out.println("help:判断第"+（a+
1)+ "组 Main 牌组  该组非空  顶部 Card 点数不为 A,开始判断是否可以移动到
des 不可以移动到 des,继续判断 Main 牌组间的移动  起始 Main 牌组只有一张正
面向上的卡  判断该卡能否移动到第"+(c+1)+"Main 牌组  目标牌组为空,判断
point 是否为 K  是,移动");

                        JOptionPane.showMessageDialog(null,"可
以将【点数为"+pointfrom+",花色为"+huasefrom+"】移动到【空 Main 牌组,其编号
为"+(c+1)+"】。","Game Message",JOptionPane.INFORMATION_MESSAGE,icon);
issolved = true;

                    }
                    else {

                            System.out.println("help:判断第"+(a+1)
+"组 Main 牌组  该组非空  顶部 Card 点数不为 A,开始判断是否可以移动到
des  不可以移动到 des,继续判断 Main 牌组间的移动  起始 Main 牌组只有一张
正面向上的卡  判断该卡能否移动到第"+(c+1)+"Main 牌组  目标牌组为空,判断
point 是否为 K  否,不移动");
                    }
                }
                else {

                    System.out.println("help:判断第"+(a+1)+"组
Main 牌组  该组非空  顶部 Card 点数不为 A,开始判断是否可以移动到 des  不
可以移动到 des,继续判断 Main 牌组间的移动  起始 Main 牌组只有一张正面向上
的卡  判断该卡能否移动到第"+（c+ 1)+ "Main 牌组  目标牌组非空");
                    if(c== a) {

                        System.out.println("help:判断第"+(a+1)+"组
Main 牌组  该组非空  顶部 Card 点数不为 A,开始判断是否可以移动到 des  不可以
移动到 des,继续判断 Main 牌组间的移动  起始 Main 牌组只有一张正面向上的卡
判断该卡能否移动到第"+(c+1)+"Main 牌组  目标牌组非空  跳过自身");
                        //return;
                    }
                    else {
```

```
                        System.out.println("help:判断第"+(a+1)+"组
Main 牌组   该组非空   顶部 Card 点数不为 A,开始判断是否可以移动到 des   不
可以移动到 des,继续判断 Main 牌组间的移动   起始 Main 牌组只有一张正面向上
的卡   判断该卡能否移动到第"+(c+1)+"Main 牌组   目标牌组非空   对于非本身
的 Main 牌组,判断是否符合要求");
                        huaseto = getTypeByNum(Main7[c].top().
getType());
                        pointtoi = Main7[c].top().getNum();
                        pointto = getPointByNum(pointtoi);
                        colorto = Main7[c].top().getColor();
                        if(colorto ! = colorfrom && pointtoi ==
(pointfromi+ 1)){
                        System.out.println("help:判断第"+(a+1)+"组
Main 牌组   该组非空   顶部 Card 点数不为 A,开始判断是否可以移动到 des   不
可以移动到 des,继续判断 Main 牌组间的移动   起始 Main 牌组只有一张正面向上
的卡   判断该卡能否移动到第"+(c+1)+"Main 牌组   目标牌组非空   对于非本身
的 Main 牌组,判断是否符合要求   符合要求,移动到该牌组");
                        JOptionPane.showMessageDialog(null,"可以
将【点数为"+pointfrom+",花色为"+huasefrom+"其编号为:"+(a+ 1)+"】移动到
【点数为"+ pointto +", 花色为" + huaseto +"其编号为:" +(c +1)+"】。"," Game
Message",JOptionPane.INFORMATION_ MESSAGE,icon);issolved = true;
                        }
                        else {
                        System.out.println("help:判断第"+(a+1)+"组
Main 牌组   该组非空   顶部 Card 点数不为 A,开始判断是否可以移动到 des   不
可以移动到 des,继续判断 Main 牌组间的移动   起始 Main 牌组只有一张正面向上
的卡   判断该卡能否移动到第"+(c+1)+"Main 牌组   目标牌组非空   对于非本身
的 Main 牌组,判断是否符合要求   不符合要求,继续判断有多张卡的情况");
                        }
                    }
                }
            }
        }
```

```
        else {
            System.out.println("help:判断第"+ (a+ 1)+ "组 Main 牌组
该组非空  顶部 Card 点数不为 A,开始判断是否可以移动到 des  不可以移动到
des,继续判断 Main 牌组间的移动  起始 Main 牌组不只一张正面向上的卡,判断第
一张正面向上的卡与其他牌组的关系");
            Card theCard = getFirstUppedCard(Main7[a]);
            huasefrom = getTypeByNum(theCard.getType());
            pointfromi = theCard.getNum();
            pointfrom = getPointByNum(pointfromi);
            colorfrom = theCard.getColor();
            for(int d = 0 ; d<= 6 ; d++ ) {
                System.out.println("help:判断第"+(a+1)+"组 Main 牌组  该
组非空  顶部 Card 点数不为 A,开始判断是否可以移动到 des  不可以移动到 des,继
续判断 Main 牌组间的移动  起始 Main 牌组不只一张正面向上的卡,判断第一张正面
向上的卡与其他牌组的关系  判断能否移动到第"+(d+1)+"组 Main");
                if(Main7[d].top() == null) {
                    System.out.println("help:判断第"+(a+1)+"组 Main 牌
组  该组非空  顶部 Card 点数不为 A,开始判断是否可以移动到 des  不可以移动
到 des,继续判断 Main 牌组间的移动  起始 Main 牌组不只一张正面向上的卡,判
断第一张正面向上的卡与其他牌组的关系  判断能否移动到第"+(d+1)+"组 Main
牌组  目标牌组为空,判断点数是否为 K");
                    if(pointfrom.equals("K") && Main7[a].getbackedNum
()! = 0) {
//避免移过来移过去
                        System.out.println("help:判断第"+(a+1)+"组 Main 牌
组  该组非空  顶部 Card 点数不为 A,开始判断是否可以移动到 des  不可以移动
到 des,继续判断 Main 牌组间的移动  起始 Main 牌组不只一张正面向上的卡,判
断第一张正面向上的卡与其他牌组的关系    判断能否移动到第"+(d+1)+"组 Main
牌组  目标牌组为空,判断点数是否为 K  是,移动");
                        JOptionPane.showMessageDialog(null,"可以将【点
数为"+pointfrom+",花色为"+huasefrom+"及其以上的卡】移动到【空 Main 牌组,
其编号为"+(d+1)+"】。","Game Message",JOptionPane.INFORMATION_MESSAGE,
icon);issolved = true;
```

```
                }
                else {
                    System.out.println("help:判断第"+(a+1)+"组 Main 牌
组　该组非空　顶部 Card 点数不为 A,开始判断是否可以移动到 des　不可以移动
到 des,继续判断 Main 牌组间的移动　起始 Main 牌组不只一张正面向上的卡,判
断第一张正面向上的卡与其他牌组的关系　判断能否移动到第"+(d+1)+"组 Main
牌组　目标牌组为空,判断点数是否为 K　否,不移动");
                }
            }
            else {
                System.out.println("help:判断第"+(a+1)+"组 Main 牌
组　该组非空　顶部 Card 点数不为 A,开始判断是否可以移动到 des　不可以移动
到 des,继续判断 Main 牌组间的移动　起始 Main 牌组不只一张正面向上的卡,判
断第一张正面向上的卡与其他牌组的关系　判断能否移动到第"+(d+1)+"组 Main
牌组　目标牌组非空");
                if(a == d) {
                    System.out.println("help:判断第"+(a+1)+"组 Main 牌
组　该组非空　顶部 Card 点数不为 A,开始判断是否可以移动到 des　不可以移动
到 des,继续判断 Main 牌组间的移动　起始 Main 牌组不只一张正面向上的卡,判
断第一张正面向上的卡与其他牌组的关系　判断能否移动到第"+(d+1)+"组 Main
牌组　目标牌组非空　跳过自身");
                    //return;
                }
                else {
                    System.out.println("help:判断第"+(a+1)+"组 Main
牌组　该组非空　顶部 Card 点数不为 A,开始判断是否可以移动到 des　不可以移
动到 des,继续判断 Main 牌组间的移动　起始 Main 牌组不只一张正面向上的卡,
判断第一张正面向上的卡与其他牌组的关系　判断能否移动到第"+(d+1)+"组 Main
牌组　目标牌组非空　对于非自身的牌组,判断是否符合要求");
                    huaseto = getTypeByNum(Main7[d].top().getType());
                    pointtoi = Main7[d].top().getNum();
                    pointto = getPointByNum(pointtoi);
                    colorto = Main7[d].top().getColor();
```

```
                            if(colorto ! = colorfrom && pointtoi==(pointfromi
+ 1)) {

                    System.out.println("help：判断第"+(a+1)+"组
Main 牌组  该组非空  顶部 Card 点数不为 A,开始判断是否可以移动到 des  不
可以移动到 des,继续判断 Main 牌组间的移动  起始 Main 牌组不只一张正面向上
的卡,判断第一张正面向上的卡与其他牌组的关系  判断能否移动到第"+(d+1)+"
组 Main 牌组  目标牌组非空  对于非自身的牌组,判断是否符合要求  符合要求,
移动到该牌组");

                    JOptionPane.showMessageDialog(null,"可以
将【点数为"+pointfrom+",花色为"+huasefrom+"其编号为："+(a+1)+"及其以上的
卡】移动到【点数为"+pointto+",花色为"+huaseto+"其编号为："+(d+1)+"】。","
Game Message", JOptionPane.INFORMATION_MESSAGE,icon);issolved = true;
                }
                else {
                    System.out.println("help：判断第"+(a+1)+"组
Main 牌组  该组非空  顶部 Card 点数不为 A,开始判断是否可以移动到 des  不
可以移动到 des,继续判断 Main 牌组间的移动  起始 Main 牌组不只一张正面向上
的卡,判断第一张正面向上的卡与其他牌组的关系  判断能否移动到第"+(d+1)+"
组 Main 牌组  目标牌组非空  对于非自身的牌组,判断是否符合要求  不符合要
求,全部判断结束无可用提示");
                }
            }
          }
        }
      }
    }
    if(!issolved) {
      JOptionPane.showMessageDialog(null,"当前已经无牌可动,请尝试点
击 No2 牌组","Game Message",JOptionPane.INFORMATION_MESSAGE,icon);
                    System.out.println("===============================");
    }
  }
```

　　(5)实现计数和暂停:计数器通过 Java 的 timer 类来使预先定义的整值每秒加 1,秒数达到 60 后分数加 1,秒数清零,最后整合在一个 String 中进行输出(每秒改变一次 JLable 的文本内容)。定义暂停功能来实现游戏暂停,其实质是将当前的数值保存起来并取消计数器,再次开始时可继续计时。实现代码如下:

```java
public class GameTimer extends JLabel {
    private static int seconds = 0;
    private static int minutes = 0;
    private static int seconds0 = 0;
    private static int minutes0 = 0;
    private static Timer timer1 = new Timer();
    private static String time = null;
    public GameTimer() {
        this.setText("时间"+minutes+":"+seconds);
        this.setFont(new Font("微软雅黑", Font.PLAIN, 20));
        this.setBounds(20, 0, 300, 56);
        this.setForeground(Color.WHITE);
    }
    public void start() {
        seconds = seconds0;
        minutes = minutes0;
        //setText(00+":"+00)
        timer1 = new Timer();
        timer1.scheduleAtFixedRate(new TimerTask() {
        int i = 1;
            public void run() {
             seconds+ = 1;
             i++ ;
             if(i% 60==0) {
                 minutes+ = 1;
                 seconds = 0;
             }
             if(minutes<10 && seconds<10)
                 setText("时间"+"0"+minutes+":0"+seconds);
```

```
            else if(minutes<10 && seconds>= 10)
                setText("时间"+"0"+minutes+":"+seconds);
            else if(minutes>10 && seconds<10)
                setText("时间"+minutes+":0"+seconds);
            else
                setText("时间"+minutes+":"+seconds);
            if(minutes<10 && seconds<10)
                time = "0"+minutes+":0"+seconds;
                else if(minutes<10 && seconds>= 10)
                    time = "0"+minutes+":"+seconds;
                else if(minutes>10 && seconds<10)
                    time = minutes+":0"+seconds;
                else
                    time = minutes+":"+seconds;
            }
    },0, 1000);
}
public static void stop() {
    timer1.cancel();
    seconds = 0;
    minutes = 0;
}
public static void stop1() {
    seconds0 = seconds;
    minutes0 = minutes;
    timer1.cancel();
}
public void reset() {
    seconds = 0;
    minutes = 0;
    seconds0 = 0;
    minutes0 = 0;
}
```

```
    public static String read() {
        return time;
    }
}


JButton button0 = new JButton("");
        button0.setBounds(130，746，27，29);
        getContentPane().add(button0);
        button0.setIcon(new ImageIcon("Card/time.png"));


        button0.addMouseListener(new MouseAdapter(){
            public void mouseClicked(MouseEvent e) {
                if(e.getSource() == button0) {
                    if(xxx == 1) {
                        GameTimer.stop1();
                        xxx = 0;
                    }
                    else if(xxx == 0) {
                        gt.start();
                        xxx = 1;
                    }
                }
            }
        });
```

(6)实现胜利动画播放:通过 Java 绘图来实现胜利动画播放,依次绘制随机生成的彩色的小圆,小圆逐个上升,再被后面新绘制出来的黑色圆覆盖,到达点击位置后则以同样的原理绘制一组彩色的同心圆并用黑色圆覆盖,即形成了烟花逐渐上升、展开并留下黑色印记的效果。实现代码如下:

```
public class Firework extends Applet implements MouseListener,Runnable{
    int x,y;
    int top,point;
    public void init() {
```

```
            x = 0;
            y = 0;
            setBackground(Color.white);
            addMouseListener(this);
        }
    public void paint(Graphics g) {}
    public static void main(String args[]) {
        Firework applet = new Firework();
        JFrame frame = new JFrame("Solitaire");
        frame.addWindowListener(new WindowAdapter(){
            public void windowClosing(WindowEvent e){
                System.exit(0);
            }
        });
        frame.getContentPane().add(applet, BorderLayout.CENTER);
        frame.setSize(1130,800);
            applet.init();
        applet.start();

frame.setVisible(true);
    }
    @SuppressWarnings("deprecation")
    public void run() {
        //变量初始化
        Graphics g1;
        g1 = getGraphics();
        int y_move,y_click,x_click;
        int v;
        x_click = x;
        y_click = y;
        y_move = 800;//可以移动范围
        v = 3;//控制运动速度（刷新时间）
        int r,g,b;
```

```
while(y_move >y_click) {
    g1.setColor(Color.black);
    g1.fillOval(x_click,y_move,5,5); //画填充椭圆,黑色
    y_move - = 5;
    r = (((int)Math.round(Math.random()* 4321))% 200)+55;
    g = (((int)Math.round(Math.random()* 4321))% 200)+55;
    b = (((int)Math.round(Math.random()* 4321))% 200)+55;


    g 1.setColor(new Color(r,g,b));
    g1.fillOval(x_click,y_move,5,5);    //上移,画填充椭圆,彩色
    for(int j = 0 ;j< = 10;j++)
    {
        if(r>55) r- = 20;
        if(g>55) g- = 20;
        if(b>55) b- = 20;
        g1.setColor(new Color(r,g,b));
            g1.fillOval(x_click,y_move+j*5,5,5);
        System.out.println("33333333");
    }
    try{
        Thread.currentThread().sleep(v++);
    }
    catch(InterruptedException e){}
}

f or(int j=12;j>=0;j--) { //错位,覆盖彩色,避免最后有彩色漏出
    g1.setColor(Color.black);
    g1.fillOval(x_click,y_move+(j*5),5,5);
    try    {
        Thread.currentThread().sleep((v++)/3);
    }
    catch(InterruptedException e){}
}
```

```
        y_move =800;
        v =15;
        for(int i=0;i<=25;i++) {
            System.out.println("画圈");
            r = (((int)Math.round(Math.random()*4321))%200)+55;
            g = (((int)Math.round(Math.random()*4321))%200)+55;
            b = (((int)Math.round(Math.random()*4321))%200)+55;
            g1.setColor(new Color(r,g,b));
            g1.drawOval(x_click-3*i,y_click-3*i,6*i,6*i);//画彩圈,重
定位彩色圈的位置,保证中心在一起
            //g1.drawOval(x_click,y_click,6*i,6*i);
            if(i<23) {//多重彩圈,<23是为避免最外层的圈最终有颜色
                System.out.println("画圈 11");
                g1.drawOval(x_click-3*(i+1),y_click-3*(i+1),6*(i+1),6
*(i+1)); //错位 1,保证颜色变化
                g1.drawOval(x_click-3*(i+ 2),y_click-3*(i+ 2),6*(i
+ 2),6*(i+2)); //错位 2,保证颜色变化
            }
            try {
            Thread.currentThread().sleep(v++ );
            } catch (InterruptedException e) {}
            g1.setColor(Color.black);//设置颜色,黑色
            g1.drawOval(x_click-3* i,y_click-3*i,6*i,6*i); // 画椭圆边
框,底色
        }
    }
    public void mousePressed(MouseEvent e) {
        x = e.getX();
        y = e.getY();
        Thread one;
        one = new Thread(this);
        one.start();
    one = null;
    }
```

```
    public void mouseReleased(MouseEvent e){   }
    public void mouseEntered(MouseEvent e){   }
    public void mouseExited(MouseEvent e){   }
    public void mouseClicked(MouseEvent e){   }
}
```

📁 **实现界面**

　　程序的开始界面(其实是一个长面板通过改变 x 坐标来实现这两个页面的切换)如图 3.3.6 所示,游戏主界面如图 3.3.7 所示。

图 3.3.6　开始界面

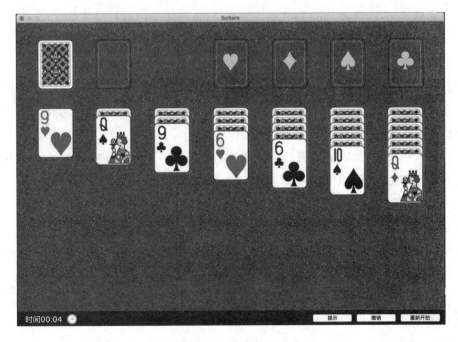

图 3.3.7　游戏主界面

实验感想和收获

在 UI 设计实现方案中,本实验最初选择在 JLable 上放置图片来充当卡片的方法设计游戏,使用拖动和获取坐标来动态改变卡片的位置。但是,当向其中添加新的功能(如提示)时发现,变换和参数设置过于冗杂,需要用很长的时间去理顺一个执行过程,且在程序调试时会由于卡片之间的交叠出现一些难以处理的问题。所以在最终实现时选择放弃最初的思路,不再根据卡片的位置改变来设置其属性,而是直接在操作时改变其属性,再通过属性值来绘制整个 UI 画面。通过使用这个实现方法,我们可在设计中对 Java 的绘图功能有更深刻的了解,从中体会到面向对象思想的美妙之处。这是一次把课本中的各种理论自然地应用于实际设计之中的尝试。

通过本实验,我们收获颇丰:一是对面向对象设计和编程有了进一步的理解;二是编程思维能力又得到了一次锻炼和提高,对面向对象开发方法的原理有了真正深入的理解和应用。

3.3.3　媒体播放器

目标功能

通过对题目的分析,软件要实现的功能包括以下几个:

(1)播放音频:①播放.mp3 格式的音频文件,由于主流的音频格式是.mp3,所以只兼容.mp3 文件。②展示音频播放进度,可展示总播放时间和当前播放时间。③调节音频播放进度,能通过进度条实现快进和快退,通过按钮实现暂停和播放。

(2)切换播放模式(附加功能):①普通播放模式,点击某音频开始播放。②单曲循环模式,持续播放当前音频。③随机播放模式,当前音频播放完毕后,随机选择下一音频进行播放。

(3)歌词模块(附加功能):音频播放时,如果有歌词文件(.lrc),则实时显示对应歌词;反之显示"暂无歌词"的提示信息。

(4)播放视频:①播放视频文件,能够播放.mp4、.flv 等格式的视频文件。②调节视频播放进度,能通过进度条实现快进和快退,通过按钮实现暂停和播放。

(5)辅助功能:辅助功能中最主要的是音量调节,即通过滑动音量条控制播放时的音量。

**总体设计**

确定好待实现的功能后,设计实现过程。首先,要明确设计哪些模块,可按照"内容

→样式→行为"的思路设计,而前面两部分可以看成是一个大模块。

(1)界面组织结构:界面的设计借鉴了 Windows 10 操作系统自带的音乐播放器 Groove,因为 Groove 简洁、易操作。经过变动后的界面设计:第一部分展示当前播放音频的文件名;第二部分展示文件列表(包括视频和音频);第三部分展示歌词信息;第四部分为控制部分(包含各种按钮、进度条等),可实现播放控制、模式控制等。

显然,视频播放不能在主界面实现,所以需要额外添加一个窗口播放视频,该窗口的基本设计仅保留第三、四部分。

(2)功能模块划分:功能模块主要分为三个模块。①播放控制模块,包括音频播放、模式切换。②进度控制模块。③歌词控制模块。显然进度控制模块、歌词控制模块依赖于播放控制模块。界面所展示的各个按钮、滑块等组件只需调用播放控制模块的接口就能实现各项功能。

播放控制模块负责播放控制,不控制任何界面元素。进度控制模块控制进度条和进度时间的展示。歌词控制模块控制歌词展示。进度控制模块、歌词控制模块功能的实现受制于播放控制模块。换句话说,播放控制模块在控制播放的同时,调用进度控制模块、歌词控制模块的接口分别控制界面中实时改变的元素,从而形成一个整体。所以,UI 组件可见范围只有播放控制模块,UI 组件调用播放控制模块的接口,播放控制模块通知进度控制模块、歌词控制模块做出响应动作。

视频播放部分比较简单,只有播放和进度控制两部分。这里为了简便,直接将这两个部分整合成一个部分。媒体播放器的系统结构图如图 3.3.8 所示。

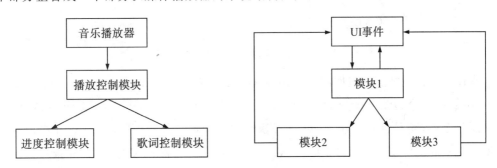

图 3.3.8　媒体播放器的系统结构图

(3)详细设计:详细设计可分为七部分,分别为整体类的设计、用户界面(UI)设计、组件(Components)设计、常量(Value)设计、工具(Util)设计、视图(View)设计、控制(Controller)设计。

①整体类的设计:系统所涉及的类如图 3.3.9 所示。

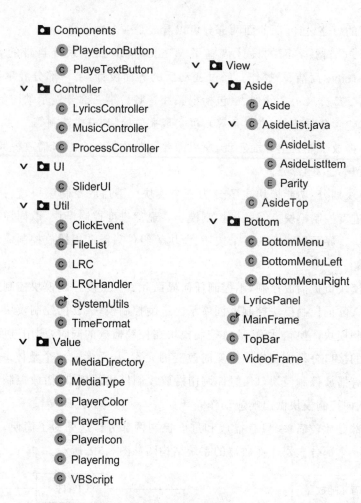

图 3.3.9　媒体播放器所涉及的类

　　媒体播放器所涉及的包如图 3.3.10 所示,其中 Package View、Package UI、Package Components 三个包是关于界面的,Package UI 中重写了样式,Package Components 自定义了几个 UI 组件,Package View 负责软件的整体运行展示。Package Util 中定义了辅助功能(如文件加载等),Package Value 中定义了软件中使用到的常量,Package Controller 中包含了上文提到的三大控制模块。

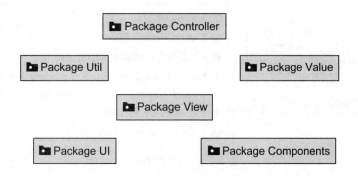

图 3.3.10　媒体播放器所涉及的包

主要类的关系设计如图 3.3.11 所示。

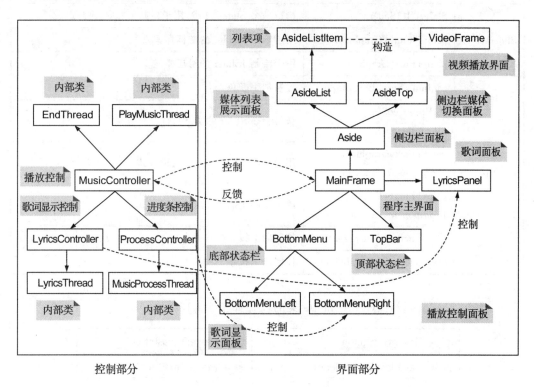

图 3.3.11　主要类的关系设计

②UI 设计：UI 类的设计如图 3.3.12 所示。Package UI 中包含 SliderUI 类和 ScrollBarUI 类，SliderUI 类是 BasicSliderUI 的子类，用于重写进度条的样式；ScrollBarUI 类是 BasicScrollBarUI 的子类，用于重写滑动条的样式。UI 类的设计说明如表 3.3.2 所示。

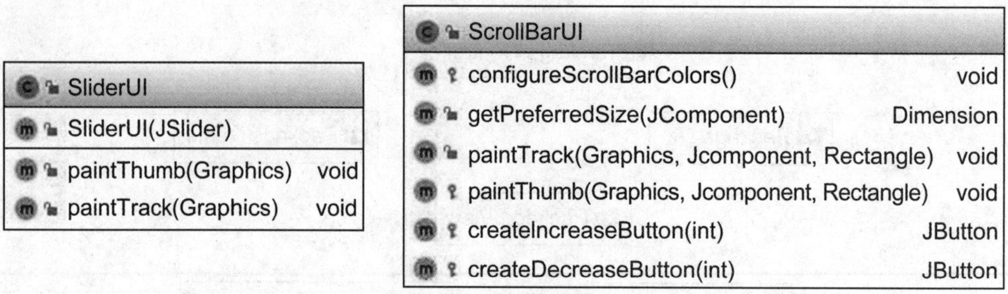

```
┌─────────────────────────────────────┐
│ c ▪ ScrollBarUI                      │
├─────────────────────────────────────┤
│ m ▪ configureScrollBarColors()        void │
│ m ▪ getPreferredSize(JComponent)       Dimension │
│ m ▪ paintTrack(Graphics, Jcomponent, Rectangle)  void │
│ m ▪ paintThumb(Graphics, Jcomponent, Rectangle)  void │
│ m ▪ createIncreaseButton(int)          JButton │
│ m ▪ createDecreaseButton(int)          JButton │
└─────────────────────────────────────┘
```

```
┌──────────────────────────┐
│ c ▪ SliderUI             │
├──────────────────────────┤
│ m ▪ SliderUI(JSlider)    │
│ m ▪ paintThumb(Graphics)   void │
│ m ▪ paintTrack(Graphics)   void │
└──────────────────────────┘
```

图 3.3.12　UI 类的设计

表 3.3.2　UI 类的设计说明

类	函数	功能
SliderUI	SliderUI(JSlider)	构造一个 SliderUI 类,用于控制 JSlider 的自定义样式
	paintThumb(Graphics)	用于绘制 JSlider 的游标样式
	paintTrack(Graphics)	用于绘制 JSlider 的滑道样式
ScrollBarUI	configureScrollBarColors()	控制把手颜色
	getPreferredSize (JComponent)	获得 JScrollBar 的实际尺寸
	paintTrack(Graphics, JComponent,Rectangle)	用于控制 JScrollBar 的滑道样式
	paintThumb(Graphics, JComponent,Rectangle)	用于绘制 JScrollBar 的游标样式
	createIncreaseButton(int)	控制向上按钮的样式
	createDecreaseButton(int)	控制向下按钮的样式

③Components 设计:Components 类的设计如图 3.3.13 所示。

图 3.3.13　Components 类的设计

PlayerIconButton 类和 PlayerTextButton 类都是 JButton 类的子类,定义了图标按钮和文字按钮,其实就是重写了按钮的样式,简化后续使用时的参数设定。按钮类的设计说明如表 3.3.3 所示。

表 3.3.3　按钮类的设计说明

类	函数	功能
PlayerIconButton	PlayerIconButton(Icon)	返回一个按钮,该按钮显示为图标
PlayerTextButton	PlayerTextButton(String)	返回一个按钮,该按钮显示为文字

④Value 设计:将软件中样式、文件等涉及的常量抽离成 Package Value,Value 类的设计如图 3.3.14 所示。这样在后续因需求变更而进行修改时,操作比较简单。

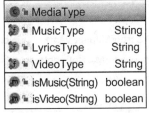
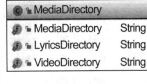

PlayerIcon	
icoFileRoot	String
last	ImageIcon
play	ImageIcon
pause	ImageIcon
next	ImageIcon
randomNext	ImageIcon
randomNextSelected	ImageIcon
cycle	ImageIcon
cycleSelected	ImageIcon
volume	ImageIcon
forward	ImageIcon
backward	ImageIcon

PlayerColor	
Default	Color
BottomLeftBackground	Color
BottomTextColor	Color
BottomBackground	Color
ListOdditemBackground	Color
ListEvenItemBackground	Color
LyricsBackground	Color
Bottom	Color
SliderEnd	Color
SliderStart	Color
Lyrics1	Color
Lyrics23	Color

MediaType	
MusicType	String
LyricsType	String
VideoType	String
isMusic(String)	boolean
isVideo(String)	boolean

MediaDirectory	
MediaDirectory	String
LyricsDirectory	String
VideoDirectory	String

PlayerFont	
BottomLeft	Font
AsideTop	Font
AsideTopSelected	Font
TopBar	Font
AsideItem	Font
Lyrics3	Font
Lyrics2	Font
Lyrics1	Font

图 3.3.14　Value 类的设计

PlayerIcon 类定义了软件使用到的图片的保存路径,PlayerColor 类定义了软件各个组件的颜色,PlayerFont 类定义了各种字体。以上三个类都只与界面有关,与控制无关。MediaDirectory 类定义了音频、视频和歌词文件的保存路径,MediaType 类定义了音频、视频和歌词可兼容的文件类型。这两个类与控制有关,与界面无关。Value 类的设计说明如表 3.3.4 所示。

表 3.3.4　Value 类的设计说明

类	常量	功能
MediaDirectory	MusicDirectory	指出音乐文件所在文件夹
	LyricsDirectory	指出歌词文件所在文件夹
	VideoDirectory	指出视频文件所在文件夹
	vclDirectory	指出控制音量脚本所在文件夹
MediaType	MusicType	指出音乐文件类型
	LyricsType	指出歌词文件类型
	VideoType	指出视频文件类型
PlayerColor	*	控制界面各个区域的颜色
PlayerFont	*	控制界面各个区域字体的样式
PlayerIcon	*	指出界面各个图标(如播放、暂停等)的位置
PlayerImg	*	指出程序任务栏显示的图片地址
VBScript	*	指出各个音量键控制脚本的保存路径

⑤Util 设计:Util 类的设计如图 3.3.15 所示。

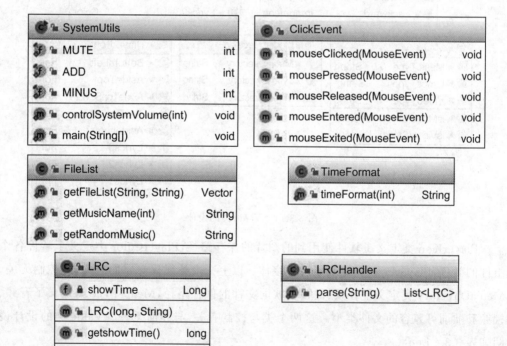

图 3.3.15　Util 类的设计

Package Util 中定义了若干辅助功能。SystemUtils 类定义了音量控制功能,包括静音、增大声音、减少声音;ClickEvent 类是为了简便而自定义的适配器类;FileList 类定义了文件加载功能;TimeFormat 类定义了时间格式化功能,用于进度条的时间展示;LRC 类和 LRCHanlder 类可以简化成一个类(LRCHandler 类的 parse 方法作为 LRC 类的一个静态函数),使用正则表达式解析 LRC 文件并保存信息。Util 类的设计说明如表 3.3.5 所示。

表 3.3.5　Util 类的设计说明

类	函数	功能
FileList	getFileList (String, String)	函数输入是保存路径和媒体类型(已在 Value 包中定义好),根据参数读取文件,获得对应的文件类型,并返回一个可变大小的数组,其中的元素都是文件字符串
	getMusicName(int)	函数输入是一个整型控制信号,小于零表示获得上一首音乐,大于零表示获得下一首音乐
	getRandomMusic()	随机返回一个音乐的字符串
LRC	LRC(long,String)	每个 LRC 函数包含两个成员:一个是 long 型的变量 showTime,一个是 String 类型的变量 content。前者表示某行歌词的显示时间,后者表示某行歌词的内容
	getshowTime()	返回某行歌词的显示时间
	getContent()	返回某行歌词的显示内容
LRCHandler	parse(String)	函数输入是一个歌词文件的保存路径,根据路径对文件进行解析,将每行歌词构造一个 LRC 对象并保存到一个链表中,最后将其返回
SystemUtils	controlSystemVolume (int)	根据预设值控制系统音量,通过执行 Value 包中定义的脚本文件实现
TimeFormat	timeFormat(int)	可将时间字符串格式化,函数输入是一个 int 类型的秒数变量,返回一个符合 mm:ss 格式的字符串

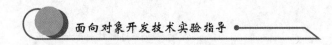

⑥View 设计：View 类的设计如图 3.3.16 所示。

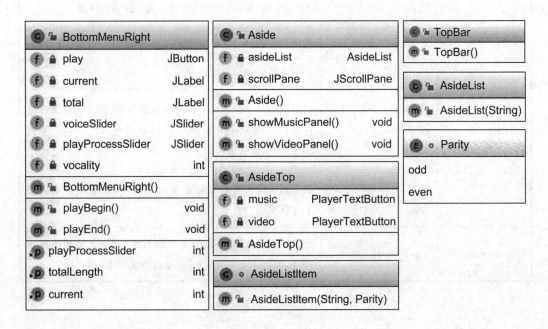

图 3.3.16　View 类的设计

Package View 涉及整体的展示,所以定义了比较多的类。VideoFrame 类用于定义上文提到的为播放视频单独构建的窗口,对视频播放进行自管理,具有高内聚性。MainFrame 类用于定义主体窗口,也就是程序入口,可分成左模块、下模块和右模块三部分。MainFrame 类中包含 Aside、BottomMenu、LyricsPanel 的实例,将整体的组成分散到各个子模块中,子模块各司其职。LyricsPanel 类用于定义歌词面板,由五个标签组成,涉及的方法可对五个标签设置字符串用以显示歌词,具体调用由控制部分决定。TopBar 类用于定义一个普通的面板,显示“我的歌曲”的字样。Aside 类用于定义侧边栏,侧边栏又分成了上下两部分。侧边栏顶部由 AsideTop 类定义显示两个按钮,底部由 AsideList 类定义显示文件列表。侧边栏顶部两个按钮分别为“音乐”和“视频”,单击时触发事件;底部显示了文件列表。AsideListItem 类的构造函数中的 Parity 是一个枚举类,表明这一项可根据奇偶性而显示不同的背景色。

BottomMenu 类用于定义两个面板。BottomMenuLeft 类用于定义显示文件名的面板,BottomMenuRight 类用于定义放置各种控制按钮的面板。View 类的设计说明如表3.3.6 所示。

表 3.3.6 View 类的设计说明

类	函数	功能
MainFrame	getInstance()	返回全局 MainFrame 对象
	MainFrame()	私有函数,构造 MainFrame 对象
	getBottom()	返回底部面板对象
	getLyricsPanel()	返回歌词面板对象
	getAside()	返回侧边栏面板对象
	main(String[])	程序主入口
VideoFrame	VideoFrame(String)	构造播放的容器框架
	backward()	视频播放后退 5 s
	forward()	视频播放前进 5 s
	setProcess(double)	函数输入是 0~1 的浮点数,表示当前播放进度,设置下方进度条
	isPlaying()	判断当前是否处于播放状态,返回一个布尔值
	pause()	暂停播放
	replay()	重新播放

续表

类	函数	功能
LyricsPanel	LyricsPanel()	构造歌词显示面板对象
	setLyricsContent(String, String, String, String, String)	函数输入是五个字符串,用于设置面板上歌词的显示内容
TopBar	TopBar()	构造右上角"我的音乐"面板
Aside	Aside()	构造侧边栏面板,由顶部的显示按钮(AsideTop)和底部的媒体列表(AsideList)组成
	showMusicPanel()	重绘面板,显示音乐列表
	showVideoPanel()	重绘面板,显示视频列表
AsideListItem	AsideListItem(String,Parity)	构造一个列表项面板
AsideList	AsideList(String)	构造一个列表面板,该面板的显示内容是 AsideListItem 对象
AsideTop	AsideTop()	Aside 上方的控制面板,切换媒体列表
BottomMenu	BottomMenu()	构造下方控制面板,由左边的显示当前播放音乐面板和右边的音乐播放控制面板两部分组成
BottomMenuLeft	BottomMenuLeft()	构造面板对象
	setTitle()	设置面板上显示的当前播放的音乐名
	getTitle()	返回当前播放的音乐名
BottomMenuRight	BottomMenuRight()	构造面板对象
	playBegin()	将状态按钮由▷变为‖
	playEnd()	将状态按钮由‖变为▷
	setCurrent()	对当前播放时间格式化进行显示
	setTotalLength()	对音乐播放总时间格式化进行显示
	setPlayProcessSlider()	设置播放进度条

⑦Controller 设计:Controller 类的设计如图 3.3.17 所示。

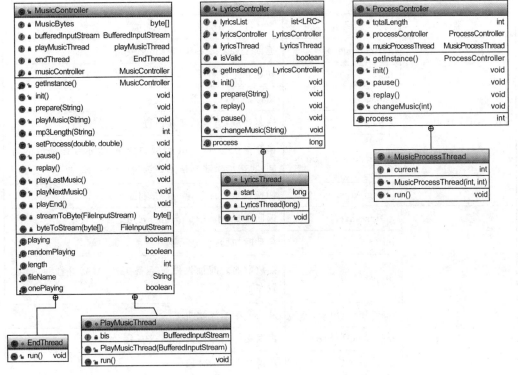

图 3.3.17 Controller 类的设计

Controller 包虽然只有三个类,但是涉及的方法却是最多的,涉及的功能与上文提到的三个模块是相对应的。

由于播放过程中用户会点击按钮进行进度控制、模式切换等操作,所以在播放过程中每个控制器都要有一个线程进行管理,否则程序只有播放完毕后才能进行下一项操作。Controller 类的设计说明如表 3.3.7 所示。

表 3.3.7　Controller 类的设计说明

类	函数	功能
LyricsController	getInstance()	返回全局 LyricsController 变量
	init()	初始化歌词面板内容
	pause()	暂停歌词滚动
	prepare(String)	加载歌词
	replay()	恢复歌词滚动
	setProcess(long)	函数输入是一个 long 型变量,表示当前播放的时间,通过该时间,扫描获得歌词列表,设置面板上的歌词内容
	changeMusic(String)	切换歌词文件

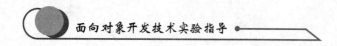

类	函数	功能
ProcessController	getInstance()	返回全局 ProcessController 变量
	init()	初始化进度条
	pause()	暂停播放,进度条不再变动
	replay()	恢复播放,进度条接着前进
	setProcess(int,int)	函数输入是一个 int 类型的变量,表示当前播放的时间,将滚动条跳到指定位置
	changeMusic(int)	切换音乐文件时,重新初始化
MusicController	getInstance()	返回全局 MusicController 变量
	init()	启动时初始化,显示第一首歌
	prepare()	播放歌曲之前预先做好准备工作:准备好播放流、设置左下方标题等
	playMusic(String)	从头开始播放歌曲
	mp3Length(String)	根据文件路径得到 mp3 音乐播放时长
	getLength()	获得当前音乐时长
	getFileName()	获得当前播放的音乐名称
	setProcess (double,double)	设置播放进度
	pause()	暂停播放
	replay()	恢复播放
	isPlaying()	判断是否正在播放
	isRandomPlaying()	判断是不是随机播放模式
	setRandomPlaying()	设置成随机播放模式
	isOnePlaying()	判断是不是单曲循环模式
	setOnePlaying()	设置成单曲循环模式
	playLastMusic()	播放上一首歌
	playNextMusic()	播放下一首歌
	playEnd()	当前音乐播放完毕后采取的操作
	streamToByte (FileInputStream)	文件流转字节数组
	byteToStream (byte[])	字节数组转文件流

 关键代码

(1)playMusic(String)函数的代码如下:

```
//从头开始播放歌曲,可以认为是新的歌曲
public void playMusic ( String path ) throws ReadOnlyFileException,
CannotReadException, TagException, InvalidAudioFrameException, IOException {
    this.playMusicThread.stop();
    prepare(path);
    this.isPlaying = true;
    this.playMusicThread = new
PlayMusicThread(this.bufferedInputStream);
    this.playMusicThread.start();
    ProcessController.getInstance().changeMusic(this.length);

LyricsController.getInstance().changeMusic(this.fileName.substring
(0, this.fileName.lastIndexOf('.')));
}
```

(2)setProcess(double,double)函数的代码如下:

```
//设置进度,percent 是百分比
 public void setProcess(double percent, double time) {
    byte[] bytes = this.musicBytes;
    int index = (int)(bytes.length * percent);
    byte[] b = new byte[(int) (bytes.length * (1 - percent))];
    System.arraycopy(bytes, index, b, 0, b.length);
    InputStream bs = new ByteArrayInputStream(b);
    this.bufferedInputStream = new BufferedInputStream(bs);
    this.playMusicThread.stop();//重新设置进度后,将线程销毁,重新创建
线程
    this.playMusicThread = new PlayMusicThread(this.bufferedInputStream);
    if (isPlaying)
        this.playMusicThread.start();
    ProcessController.getInstance().setProcess((int) time);
    LyricsController.getInstance().setProcess((long) (time* 1000));
}
```

（3）歌词控制代码如下：

```
public void run() {
 if (!isValid) {
   MainFrame.getInstance().getLyricsPanel().setLyricsContent("", " ",
"暂无歌词", " ", " ");
 }
else {
   int num = lyricsList.size();
   int i = 0;
   while (i<num && lyricsList.get(i).getshowTime()<= this.start)
                    i++;
    String s1 = "", s2 = "", s3 = "", s4 = "", s5 = "";
    if (i - 3 > = 0)
     s1 = lyricsList.get(i - 3).getContent();
    if (i - 2 > = 0)
     s2 = lyricsList.get(i - 2).getContent();
    if (i - 1 > = 0)
     s3 = lyricsList.get(i - 1).getContent();
    if (i<num)
     s4 = lyricsList.get(i).getContent();
    if (i +  1<num)
     s5 = lyricsList.get(i + 1).getContent();
      MainFrame.getInstance().getLyricsPanel().setLyricsContent(s1,
s2, s3, s4, s5);
    for (; i<num; i++ ) {
     long sleepTime = lyricsList.get(i).getshowTime() - this.start;
     try {
         Thread.sleep(sleepTime);
         this.start = lyricsList.get(i).getshowTime();
         s1 = s2;
         s2 = s3;
         s3 = s4;
         s4 = i +  1<num? lyricsList.get(i + 1).getContent() : "";
```

```
        s5 = i +  2<num? lyricsList.get(i + 2).getContent() : "";
        MainFrame.getInstance().getLyricsPanel().setLyricsContent
(s1, s2, s3, s4, s5);
    } catch (InterruptedException e) {
        e.printStackTrace();
    }
  }
 }
}
```

(4)进度控制代码如下：

```
public void run() {
    BottomMenuRight r = （BottomMenuRight）MainFrame. getInstance ().
getBottom().getRight();
    while (current<= totalLength) {
      try {
          r.setCurrent(current);
          r.setPlayProcessSlider(current * 100 /totalLength);
          current + = 1;
          Thread.sleep(1000);
      } catch (Exception e) {
          e.printStackTrace();
      }
    }
    r.setCurrent(0);
    r.setPlayProcessSlider(0);
}
```

(5)播放视频代码如下：

```
public VideoFrame(String fileName) {
        //......
NativeLibrary.addSearchPath(RuntimeUtil.getLibVlcLibraryName(),
"D:\\Installer\\VLC - media - player\\VLC");//安装目录
        this.playerComponent = new EmbeddedMediaPlayerComponent();
```

```
this.playerComponent.setBounds(0, 0, 712, 390);
videoPanel.add(playerComponent);
        //......
play.addMouseListener(new ClickEvent() {
    @Override
    public void mouseClicked(MouseEvent e) {
        if (isPlaying()) {//播放->暂停
            play.setIcon(PlayerIcon.play);
            pause();
            repaint();
        } else {//暂停->播放
            play.setIcon(PlayerIcon.pause);
            replay();
                repaint();
        }
    }
});
    //......
    new SwingWorker<String, Float>() {
        protected String doInBackground() throws Exception {
            while (true) {
                long total = playerComponent.getMediaPlayer().
getLength();//获得当前视频总时间长度
                long curr = playerComponent.getMediaPlayer().
getTime();//获得当前播放时间
                float percent = ((float) curr/total);//获取播放视频
的百分比
                publish(percent);
                Thread.sleep(1000);
            }
        }
        protected void process(java.util.List<Float>chunks) {
            for (float v : chunks)
                slider.setValue((int) (v * 100));
        }
    }.execute();
}
```

运行效果

(1)播放音频:音频播放界面如图 3.3.18 所示。

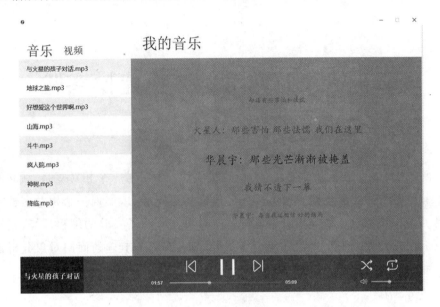

图 3.3.18　音频播放界面

(2)播放视频:视频播放界面如图 3.3.19 所示。

图 3.3.19　视频播放界面

第 4 章　面向对象分析建模实验

本章的主要内容是介绍面向对象分析建模实验。通过若干个相对复杂、独立的需求描述题目,学生可在实验过程中锻炼面向对象分析建模能力,实现一个相对完整的设计模型,为系统的详细设计和实现打下基础。本章首先介绍了实验的编程环境、实验目标等基本情况,然后介绍了实验题目和相应要求,最后介绍了节选的面向对象分析建模实验的优秀实验示例。

4.1　本章实验说明

4.1.1　实验目标

学生能全面、系统地练习和实践利用面向对象建模工具进行建模的过程,重点是使用 UML 描述分析和设计方案,通过实验掌握使用面向对象技术进行系统分析、设计的思想和技能。本章实验使用 UML 进行建模。UML 是一个通用的可视化建模语言,是一种总结了以往建模技术的经验、吸收了当今优秀成果的标准建模语言,用于对软件进行描述、可视化处理,构造和建立软件系统文档等。UML 既有可视的表达形式又有严谨的语义支撑。

4.1.2　实验环境

建模工具:支持 UML 的建模工具均可,包括 Rational、Visio、Eclipse 插件、VS Code 插件等。

4.1.3　实验基本要求

要求学生采用个人或项目小组的形式,结合具体题目给出的需求描述进行分析、设计建模。具体要求如下:

(1)先进行分组,每组 2～3 人;也可以个人独立完成。

(2)项目小组成员讨论、选定开发题目(可根据实验安排要求每个小组选择完成 1～2 个实验题目),讨论题目的设计方案、开发计划、人员分工等。

(3)项目小组按照实验要求进行讨论、调研、分析、设计,提交要求的相应 UML 文档,讲解并演示相应结果。

(4)实验报告应包括的内容如下:①对所选定题目的功能、目标进行分析和描述,应使用 UML 用例模型(必需)、UML 工作流模型(可选)等进行描述。②系统需求的静态模型应使用 UML 类图模型(必需)、UML 对象模型(可选)等进行描述。③体现设计思路,说明如何使用面向对象的思想、方法实现题目所要求的功能。④明确设计方案,包括详细的 UML 类图模型、系统整体结构设计的包图、主要用例的顺序/交互模型、主要对象的状态机模型、关键方法/算法的活动图模型等。

4.1.4　考核方式

建议从多个角度对学生实验成绩进行考核,供参考的考核方法如下:

(1)考核内容:实验报告,包括对系统的分析、设计方案等。实验报告应具备可读性、清晰性、全面性,体现设计质量、文档撰写水平等。

考核方式:实验报告评价、演示讲解。

成绩占比:90%。

(2)考核内容:在基础需求上所做的各种扩展。

考核方式:实验报告评价、演示讲解。

成绩占比:10%。

4.2　实验题目

实验题目 1:POS 系统分析与设计

POS 系统即自动销售管理系统或销售管理信息系统,其主要功能是在销售行为发生时，将所有交易的明细（主要包括商品名称、价格及交易时间）通过扫描条形码而迅速记录在计算机里，有时也可以把顾客数据迅速记录下来，从中去分析市场需求动态。

POS系统的功能可从以下四个方面描述：

(1)基本资料设置。系统初始化应该提供商品名称、客户、供应商、收支类型和库存变动类型等信息的添加和修改功能。

(2)业务处理。前台系统应该提供采购入库，前台商品销售，其他库存变动及收支录入信息的添加、修改、查询、打印功能。

(3)业务统计。辅助决策应该实现商品的库存信息统计、短线商品和超储商品报警、不同时段销售业绩和利润的统计及报表打印等功能。

(4)系统设置。系统管理应该包括用户修改密码、系统管理员添加任何权限用户等功能。

系统开发由用例驱动，是一个不断迭代的过程。开发人员需将需求转化为用例，反复选择最重要的用例，将用例的功能分配到类上，最后依据用例测试系统的可执行性。

在系统整个开发过程中，需要根据UML建模工具的特点以及需求分析、系统分析、系统设计、系统实现和系统测试与维护各阶段的任务特点，分别采用UML的不同建模机制对各阶段的成果进行表达（本实验要求以分析和设计阶段为主）。

实验题目2：健康管理系统分析与设计

健康管理系统的目标是实现居民健康档案管理的多级机构网络化共享和协同，集成管理各服务单元之间的信息，实现健康管理和慢性病防治的卫生服务职能，动态监控人群的健康状态信息，并为管理者决策提供支持。

具体来说，系统应实现以下几个功能：

(1)建立居民健康档案。以家庭为单位录入家庭成员信息和慢性病病史、体检结果等健康信息，系统可筛查慢性病患者、高危人群。

(2)实现慢性病管理，包括高血压、糖尿病以及其他慢性病。通过对体检信息和相关病史以及药物治疗等信息的分析，系统能给出相应的非药物治疗方案。

(3)提供人群信息服务。管理员可通过此功能找到想要查询的居民和居民信息；居民也可以看到自己的居民档案和健康评估信息，并可以根据自己的健康情况咨询相应专家，还可以在网上直接预约医院。

(4)提供慢性病辅助诊断。根据登记的体检信息、症状和特征等信息，判断出居民的慢性病情况；根据治疗方案，选择用药和健康教育处方。

(5)软件界面友好，交互性强。有关数据只需输入一次即可由系统根据特定算法自动生成相关统计结果和报表，同时提供人为修改界面，方便操作。

实验题目 3：大学讨论班管理系统分析与设计

大学选课系统与学生有着紧密的联系，应具有注册、交费、选课、成绩查询等功能。讨论班是大学生课程的一种重要形式，是大学选课系统的一部分。本次系统分析只考虑学生注册参与讨论班的功能，具体描述如下：

(1)学生想要注册某讨论班时，需向注册员提交其姓名和学生编号。

(2)注册员验证该学生是否有资格注册该讨论班。

(3)注册员验证后，提供讨论班列表，并验证是否与学生的课程安排有冲突。

(4)注册员统计费用并通知学生。

(5)在学生确认后，注册员将该学生添加到讨论班，并将费用加入学生账单。

(6)注册员向学生提供注册成功的确认信息。

根据以上描述，该简化系统应具有如下功能：

(1)学生搜索、注册讨论班。

(2)验证注册资格。

(3)显示讨论班及相关信息。

(4)提供成绩单。

(5)结算并显示账单。

(6)注册成功。

(7)关闭注册。

实验题目 4：图书管理系统的分析与设计

图书馆管理工作主要是围绕读者、图书和借还书展开的。图书管理系统的功能需求主要包括以下几个方面：

(1)图书馆的可外借资源包括图书和期刊，借阅期限分别是 3 个月和 1 个月。期刊还需要记录期刊中每篇文章的题目、作者、关键字、摘要等信息，以便读者检索、查询。

(2)借阅者可以通过系统查询书籍信息和预定书籍。

(3)借阅者能够通过系统进行借书和还书。

(4)图书管理员能够处理借阅者的借书和还书请求。

(5)系统管理员可以对系统的数据进行维护，如增加、删除和更新书目，增加、删除和更新借阅者账户，增加和删除书籍。

从功能划分角度来看，系统主要包括以下几个模块：

(1)基本数据维护模块：基本数据维护模块的功能有添加借阅者账户、修改和更新借阅者账户信息、添加书目、修改和更新书目信息、添加书籍、图书注销(如果图书丢失或旧书淘汰,则需将该书从书库中清除)。

(2)基本业务模块:基本业务模块的功能有借书、还书、书籍预留以及取消书籍预留。办理借书手续时要先出示图书证,如果借书数量超出规定数量,则要给出提示。工作人员登记借阅人信息、借阅的图书信息、借出时间和应还书时间。还书时,工作人员根据图书证编号,找到借阅者的借书信息,查看是否超期。如果已经超期,则进行超期处罚,并打印出罚款单。完成借书后,清除借阅记录,并将该书设置为可借状态。

(3)数据库管理模块:数据库管理模块的功能有借阅信息管理、书籍信息管理、账户信息管理、书籍预留信息管理。

(4)信息查询模块:信息查询模块的功能有查询书籍信息、查询借阅者信息。

实验题目 5:网上购物系统的分析与设计

使用网上购物系统的顾客通过互联网进行网上购物,使用此系统的管理员通过互联网进行购物管理。系统的功能描述如下:

(1)顾客能够通过商品类别来寻找属于该类别的商品,并获得商品的摘要信息。

(2)顾客能够通过输入某些关键字来查找商品,并获得符合检索条件的商品的摘要信息。

(3)顾客能够在商品详情页上获得商品的详细介绍信息。

(4)顾客能够在个人中心页面上输入注册信息后,注册成为网站的会员。

(5)顾客能够在个人中心页面上修改自己的注册资料,更新原有的注册信息。

(6)顾客能够在输入合法的用户账号和密码后登录系统。

(7)顾客能够在任何时间退出系统。

(8)顾客能够查看当前订单的最新状态和历史订单数据。

(9)顾客能够将喜欢的商品放入购物车。

(10)顾客能够查看购物车中的商品。

(11)顾客能够更新购物车中商品的数量,或删除购物车中的商品。

(12)顾客能够对购物车中的商品进行结账。

(13)顾客能够指定配送地址。输入过的配送地址被保留在配送地址簿中,以便下次使用。

(14)顾客能够选择支付方式。可选的支付方式有货到付款和信用卡支付等多种形式。

(15)顾客能够在订单确认页面完成订单。

(16)管理员能够在输入合法的账号和密码后登录系统。

(17)管理员能够在任何时间退出系统。

(18)管理员能够维护业务数据,包括商品信息、订单信息和会员信息等数据的新增、更新、删除和检索。

(19)管理员能够维护权限数据,包括新增、更新、删除、检索操作。

(20)管理员能够维护管理员数据,包括新增、更新、删除、检索操作。

(21)管理员能够在批量处理订单后与财务系统进行交互,更新订单付款状态的最新信息。

(22)管理员能够在批量处理订单后与库存系统进行交互,更新商品库存数的最新信息。

(23)管理员能够通过批量处理订单完成后与物流系统进行交互,更新订单配送状态的最新信息。

实验题目 6:局域网协同办公系统分析与设计

局域网文件传输系统用于许多基于局域网的商业公司(如软件公司),特别是中小型公司。现在很多中小型公司员工的办公桌上除了电脑外还需要一部电话,有事时,员工需要打电话给别人,不便捷且成本更高。局域网内通信和文件传输或共享不便,讨论问题或广播信息不方便。

局域网协同办公系统可提供方便舒适的聊天平台,提供良好的文件传输和共享机制。如果在局域网中使用该系统,将解决上述通信不便等问题。该系统将提供以下服务:与指定同事聊天、广播信息、与所有员工聊天,支持语音或视频聊天。该系统还将提供文件传输和文件共享功能,方便员工传输或共享文件。系统主要的功能需求描述如下:

(1)通过消息、语音或视频与其他用户聊天:解决目前用户使用电话与他人通话既不方便又费钱的问题。使用此功能后,用户可以在基于局域网的计算机上与他人聊天,支持通过消息、语音和视频聊天。

(2)广播信息:解决向不同的人发送相同信息的问题。使用此功能后,在局域网中,用户只需将广播消息发送给需要的多个用户即可,或者立即向所有用户广播重要信息,指定用户将立即看到该信息,不需要逐一向每个用户发送。

(3)短信快速沟通:通过系统,用户可以向局域网内指定用户发送短信。

(4)语音和视频通话:用户可以选择一次只与一个用户通话,效果和电话一样,但使用更便捷。基于语音通信,用户可以通过视频与用户交谈,他们可以实时看到对方。

(5)文件传输:解决传输文件不方便的问题。使用此功能后,用户将文件直接通过局域网传输到目的地,速度很快。

(6)文件共享介质:对于一些系统,当许多用户需要某一用户的同一文件时,用户需要将文件独立复制或传输给所有相关用户。使用此功能后,用户只需共享自己计算机上的文件,其他用户在局域网内可以查看和下载他们需要的文件。

(7)标识符和安全性:用户有权编辑他们的个人资料,所有其他用户都可以通过个人资料识别他。

该系统是一个基于局域网工作的软件,局域网内的计算机只有安装了此系统才能被视为局域网中的一员,可以与其他成员一起享受系统提供的所有服务。该系统将安装在同一局域网中的每台计算机上。通过这个软件,局域网中的每台计算机都可以互相交流。用户可以应用该软件在局域网内通过短信、语音或视频进行聊天,也可向所有用户广播重要信息、传输或共享文件等。该系统工作在局域网内,不会因软件连接互联网而造成损害。

实验题目 7:银行柜员等级考核系统分析与设计

银行柜员等级考核系统是一种提高银行柜面人员业务技能的新型等级考评系统,充分利用银行现有网络资源和计算机软硬件资源,建立了大型、高效、共享的题库,将原来的纸质考试转变成以计算机技术为支撑的在线考试,实现了银行柜员等级考核的自动化,提高了柜员等级考核的工作效率,减轻了银行人力资源管理部门的工作负担,并使得对银行柜员的等级评测更加正确和客观,是现代商业银行提高经营管理水平的有力工具。

银行柜员等级考核系统的需求有以下几点:

(1)界定使用者范围:系统要面向银行柜员、考核组织者、系统管理员三种用户类型。银行柜员是在线考核的参与者;考核组织者是考核的发起者,要确保考核的顺利进行;系统管理员主要负责整个系统的运维工作。

(2)建立银行业务理论知识试题库:考核组织者或系统管理员能通过试题录入接口,向试题库中录入各类试题。试题类型包括单项选择题、多项选择题、填空题、判断题等。在录入试题时,可以设置试题的难度系数。通过对难度系数的设置,系统可以为后期的组卷提供计算依据,从而生成难度各异的试卷。系统除提供录入试题的接口外,还要允许考核组织者或系统管理员对试题进行修改、删除和查询等操作。

(3)创建灵活方便的试卷组织机制:在组织试卷前,需要按一定的条件,从试题库中抽取相应的试题。这些条件包括难度系数、题目类型、题目数量等。在试卷生成后,可以根据总分值,设置各个部分的分值。系统支持保存多张试卷,形成一个试卷库。在安排考试时,考核组织者可以从试卷库中选择或随机抽取已经组织好的试卷。当然,这些已生成的试卷也可以被调用出来,进行在线修改和删除。

（4）提供考核安排的功能：考核安排工作由银行的考核组织者进行。需要进行的操作包括指定考核的开始时间、结束时间，指定考核的参与者（即选择参加考核的柜员），指定试卷的抽取方式。试卷的抽取方式有两种，分别是手工方式和随机抽取。考核安排结束后，考核组织者可以发布考核的时间、参与考核的柜员信息。

（5）提供在线考核的功能：参与考核的柜员可以在考核安排指定的时间段内登录系统，考核正式开始后，柜员在线填写试卷答案，与此同时，系统开始计时。系统支持用户在考核满 30 分钟后提前交卷，如果在规定的时间内没有提交试卷，系统自动强制提交用户的答卷。

（6）提供成绩管理的功能：柜员成绩由两部分构成，分别是理论成绩和业务技能成绩。理论成绩在柜员提交试卷后，由系统自动计算得到；业务技能成绩是柜员进行业务技能考核后，手工录入系统的，录入工作支持 Excel 批量导入。系统中的业务技能成绩需要按系统设置的业务技能权重进行加权平均计算。通过加权计算的业务技能成绩需要与理论成绩再次进行加权计算，从而获得最终的考核成绩。成绩管理的功能还包括成绩的修改、删除、查询等操作。

（7）等级评定功能：系统提供等级评定规则的设置。评定规则包括分值区间和与其对应的等级名称。等级评定的操作是在评定规则设置后，由系统自动进行的。等级评定的结果可以导出到 Excel 表格中。

（8）基础数据维护功能：基础数据包括系统的基本用户信息和考核等级结果，用户管理操作包括对这些数据的新增、修改、删除和查询。考核等级结果中应包含与其他系统连接的接口数据，包括柜员编号、等级等。这些接口数据可以通过 Excel 导出，从而很容易与其他系统兼容。

实验题目 8：多终端车辆监控管理系统分析与设计

多终端车辆监控管理系统为车辆用户多终端远程控制车辆、综合监控车辆提供了便利，也为企业管理外勤车辆、科学调度车辆提供了现代化的手段。多终端车辆监控管理系统共包括三个终端，分别为 Web 端、Android 端和微信端。

多终端车辆监控管理系统涉及的角色主要有个人用户、车队管理员和车队用户三类。其中，个人用户主要对个人车辆进行登记，可以监控、远程控制个人车辆信息，对个人车辆产生的数据进行统计。车队管理员主要参与 Web 端操作，如监控车辆，远程对所有车辆或选定的车辆发送设防、撤防、开油、断油等指令，查看所有车辆或部分车辆的数据统计信息等。车队用户属于集体中的一员，既拥有个人用户的功能，又受到车队管理的限制，需要接受车队管理员的指令。

（1）Web 端功能需求分析：Web 端功能包括三大部分，分别为综合监控管理、远程指令管理和数据统计管理。

综合监控管理提供了对车辆在行车过程中的监控操作,主要功能包括车辆监控管理、车辆列表管理、空间对象管理、历史轨迹管理和空间操作管理。车辆监控管理提供了车辆监控、轨迹显示和锁定监控的功能。车辆列表管理提供了列表隐藏、搜索车辆和修改车辆信息等功能。空间对象包括了标记点、路线和电子围栏等,空间对象管理允许对该类空间对象进行添加、删除和编辑操作。历史轨迹管理提供了轨迹查询、轨迹播放/暂停和报表管理等功能。空间操作管理主要是指在监控或查看车辆轨迹时使用地图工具,使得地图查看更方便快捷。

远程指令管理的主要参与者有个人用户、分控管理员和车队管理员,用户可以远程对车辆下发指令。远程指令管理包括远程控制、告警管理和参数管理功能。个人用户只能对自己的车辆下达指令,分控管理员可对本车队下的所有车辆下达指令,车队管理员可对下属的所有车辆下达指令。

数据统计管理提供了对车辆监控过程中产生的数据进行统计的功能,包括统计总览、里程统计、超速统计、报警统计和离线统计五部分,可对每一部分进行单日统计、单月统计和日区间统计。

(2)Android 端功能需求分析:Android 端车辆监控管理系统的主要参与者为车队用户和个人用户,主要功能包括系统管理、车辆操作和列表管理。其中,系统管理包括登录、系统基本设置和版本更新功能。车辆操作主要有重启终端,远程开油和断油,历史轨迹查询,远程设防、撤防,立即定位,车主信息管理和参数设置、查询功能。列表管理主要由车队用户参与,主要包括了对车队中的车辆的查询和监控操作。

(3)微信端功能需求分析:微信端车辆监控管理系统的主要参与者为企业用户和个人用户,主要功能有登录管理、终端管理和报表管理三部分。登录管理包括登录、注销、账号管理、意见反馈和手机 App 下载等。终端管理主要是对终端进行相关操作,包括查看终端位置、发送短信、轨迹回放、设备报警、查看图库和报表。报表管理的参与者为企业用户,是指对某个分组下的所有车辆的报表信息的管理,如里程报表、报警报表、加油报表、漏油报表、点火报表等。

实验题目 9:茶庄(TeaStall)管理系统分析与设计

以下描述了一个茶庄管理系统的软件需求,目的在于表述系统的环境、系统的功能和非功能需求。

茶庄有各种风味的茶,按照风味不同,可将茶分为西湖龙井、洞庭碧螺春等,不同风味的茶冲泡方法也不同。茶庄的菜单中包含了茶庄中可供顾客点单的各种风味的茶。沏茶员可以根据侍者所下的订单,冲泡各种风味的茶。如果订单中的茶已泡好,就直接提供给侍者;如果还没泡好,则先冲泡再提供给侍者。沏茶员负责维护茶壶柜和冲泡好的茶。闭店时,沏茶员可以统计一天内冲泡的风味数。每个顾客都有自己最喜欢的风味,可根据菜单点自己喜欢的茶。侍者作为顾客和沏茶员之间的桥梁,会先询问顾客最喜欢的风味,并根据顾客的要求下单给沏茶员。侍者会统计自己在一天中招待过的顾客人数,并在闭店时统计服务的订单数。茶庄有容量限制,即可容纳的最多茶客数。每天闭店后,茶庄管理者会统计当天的订单数和沏茶风味数。

4.3　优秀实验示例

4.3.1　POS 系统分析与设计

(1)需求理解分析:对系统的终端用户和客户进行调研。

①基本资料管理:实现各种货品资料、客户资料、供应商资料、收支类型和其他库存变动类型的添加、修改。基础资料管理是系统的运行基础。

②业务处理:实现货品采购入库、货品销售、货品其他库存变动的添加、修改和查询,并实现收支录入等功能。业务处理是系统的运行核心。

③业务统计:实现货品库存统计和不同时间段的业绩统计。业务统计是系统的决策管理部分。

④系统应支持对基础数据进行维护。

⑤系统应该提供强大的数据统计、信息查询、报表生成以及打印等功能。

⑥系统客户端运行在 Windows 平台下,服务器端可以运行在 Windows 平台或者 Unix 平台下。系统还应该有一个简便易用的图形用户界面。

⑦系统应具有很好的可扩展性。

(2)用例模型:用例模型设计包括两步。第一步是定义用例(描述 POS 系统的功能),用例包括基本资料管理、货品采购入库、货品销售(出库)、其他库存变动、收支录入、货品库存统计、业绩统计、用户修改密码和系统管理员添加用户。第二步是明确角色,具体有普通用户(包括基本资料管理员、业务处理员、业务统计员等)、系统管理员。用例模型有用例文本和用例图两种。

①基本资料管理用例包括货品资料、客户资料、供应商资料、收支类型、其他库存变动类型等,用例图如图 4.3.1 所示。

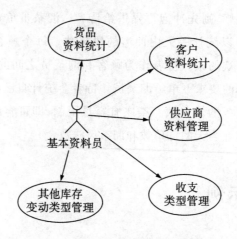

图 4.3.1 基本资料管理用例图

②货品出入库管理用例包括货品采购入库、货品销售（出库）、其他库存变动,用例图如图 4.3.2 所示。

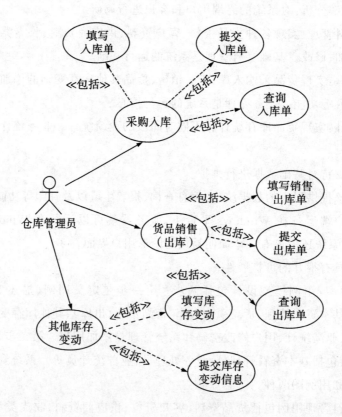

图 4.3.2 货品出入库管理用例图

③货品采购入库用例包括填写（或修改）入库货品信息、提交入库信息、查询货品入库情况。货品销售（出库）用例包括填写（或修改）销售货品出库信息、提交销售出库信

息、查询货品出库情况。

④货品其他库存变动用例包括填写(或修改)其他变动信息、提交变动信息。

⑤货品库存统计用例包括选择查询条件、填写查询内容、提交查询、统计结果显示等,用例图如图 4.3.3 所示。

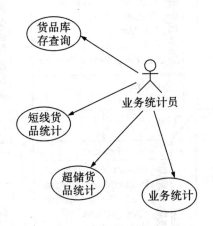

图 4.3.3　货品库存统计用例图

⑥系统管理用例主要包括用户修改密码和系统管理员添加用户、修改密码等,用例图如图 4.3.4 所示。

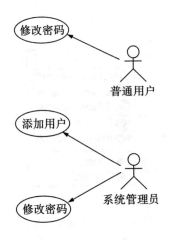

图 4.3.4　系统管理用例图

(3)静态模型:通过分析 POS 系统中的概念和概念之间的关系,得出系统中所涉及的类主要包括货品信息(Product)、客户信息(Customer)、供应商信息(Feeder)、收支类型(IEType)、其他库存变动类型(OtherStoType)、采购入库(Stock)、货品销售(Sell)、收支录入(IE)、其他库存变动(OtherStorage)等。POS 系统的类图如图 4.3.5 所示。

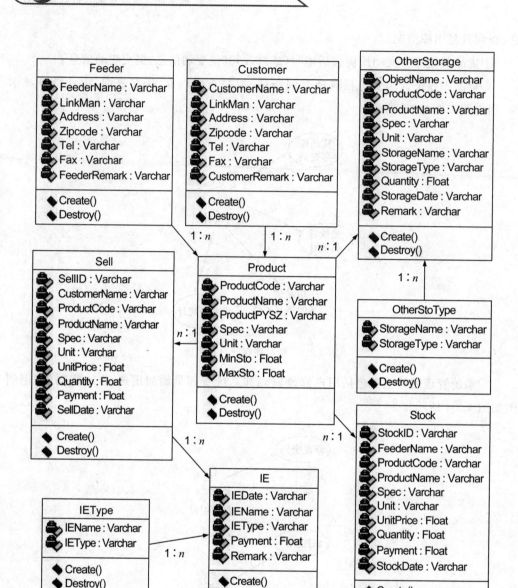

图 4.3.5 POS 系统的类图

（4）核心类的状态转移模型：在系统设计阶段，首先要设计对象的状态图。在本系统中，涉及多种状态及其转移的对象（包括货品和销售订单）。货品对象的状态机模型如图4.3.6 所示，销售订单的状态机模型如图 4.3.7 所示。

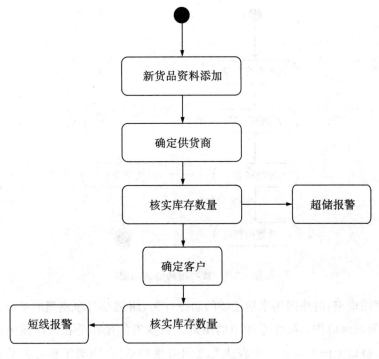

图 4.3.6　货品对象的状态机模型

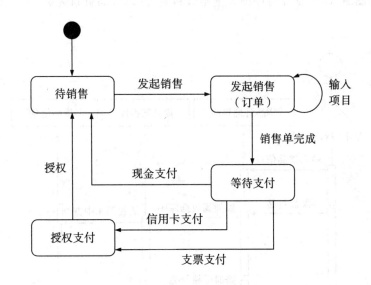

图 4.3.7　销售订单的状态机模型

（5）核心用例的活动图：系统核心用例的活动图如图 4.3.8 所示。

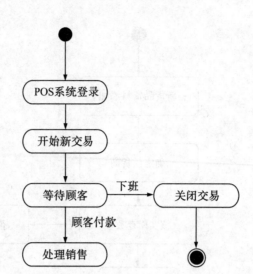

图 4.3.8　核心用例的活动图

(6)时序图模型:时序图用来描述类的动态行为,用例是时序模型的基础。时序图描述了对象之间如何协作以操作系统中的用例。有些类的操作是在时序图中而不是在用例中定义的,故以上的类图是一个表达类之间关系的草图,明确了核心类的状态图和核心业务的活动图后,即可设计时序图。基本资料管理(以货品资料为例)时序图如图 4.3.9所示。

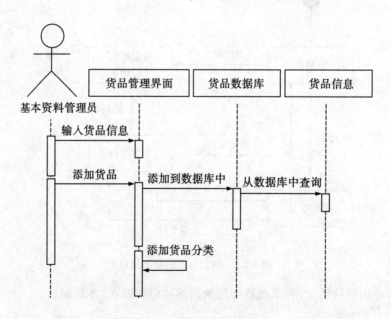

图 4.3.9　基本资料管理时序图

(7)POS 系统的架构设计:系统的逻辑架构由包图来描述,包图定义了包(子系统)、包间的相关性和基本的通信机制。系统的逻辑架构应清晰、简单,模块之间的耦合性要尽可能少。在细节设计中,应将包的内容细化,尽可能地描述每一个类,使得编程实现更符合设计要求。POS 系统中的包主要有四个,具体如图 4.3.10 所示。

①用户界面包(User Interface Package):为通用用户界面包,可调用业务包中的操作。我们可以简单地把用户界面包看作用户要操作的界面。实际上,界面下还蕴含了很多内容,但需要开发的仅限于此。

②业务对象包(Business Object Package):业务对象包包含上面设计的分析模型的类。业务对象包同数据库包协同完成任务。

③数据库包(Database Package):数据库包向业务对象包提供服务。

④应用包(Utility Package):应用包向其他包提供服务。

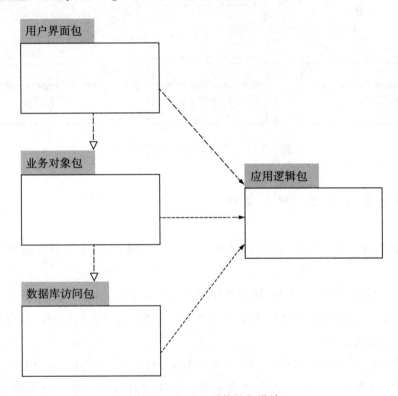

图 4.3.10　POS 系统的包设计

(8)部署图模型:部署图模型用于描述软件的部署结构。POS 系统的部署图模型如图 4.3.11 所示。

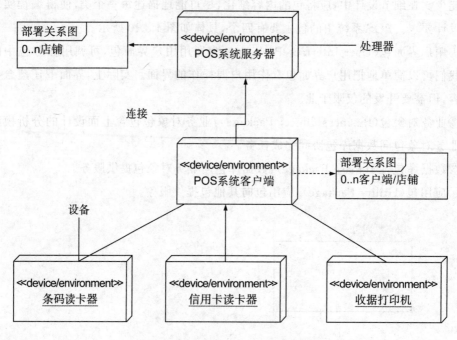

图 4.3.11　POS 系统的部署图模型

4.3.2　健康管理系统分析与设计

（1）需求模型（用例模型）：采用 UML 用例分析对系统的功能需求进行进一步的细化。

①识别参与者：参与者（角色）通过某种途径与系统交互。应从系统外部执行者的角度来描述系统需要提供哪些功能，并指明这些功能的参与者（角色）是谁，确保所有角色都被完全识别出来。

健康管理系统的用户群分为五类：系统管理员、地市级用户、县（区）用户、乡镇级用户、村级用户，各类用户有不同的职责和权限。健康管理系统的参与者说明如表 4.3.1 所示。

表 4.3.1　健康管理系统的参与者说明

参与者名称	说明
系统管理员	主要负责系统维护、系统公告、数据维护等
地市级用户	查看本市所有县的健康档案、慢性病档案建立和管理情况
县（区）级用户	查看本县（区）所有乡镇的健康档案、慢性病档案建立和管理情况

参与者名称	说明
镇级用户	新建和编辑该乡镇所管辖的用户信息,查看本镇居民的健康档案、慢性病档案建立和管理情况
村级用户	新建和编辑居民健康档案和管理慢性病等操作,只能查询本村居民的健康档案、慢性病档案建立和管理情况

②用例分析:这里介绍系统管理用例、健康档案管理用例和健康信息服务用例。

系统管理用例:系统管理员主要负责系统维护、系统公告、数据维护等操作。系统管理用例图如图 4.3.12 所示。

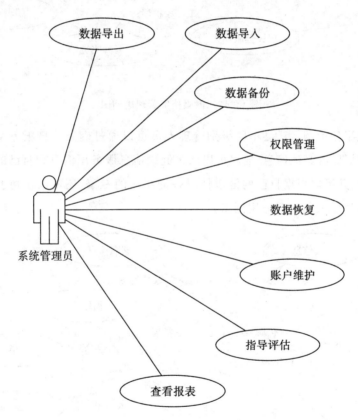

图 4.3.12　系统管理用例图

健康档案管理用例:健康档案管理用例用于建立家庭信息,并以家庭为单位录入家庭成员的一般信息、慢性病病史、体检及检查信息,系统可自动筛查出该个体是否属于慢性病患者、高危人群。系统对筛查出来的高危人群和慢性病患者进行人群分类管理,建立一套个人健康档案。图 4.3.13 为健康档案管理用例图。

面向对象开发技术实验指导

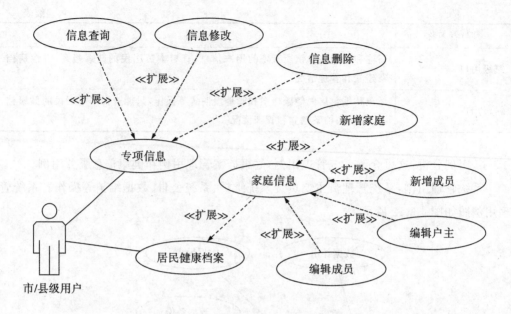

图 4.3.13　健康档案管理用例图

健康信息服务用例：市、县不同级别管理人员可以通过健康信息服务用例找到想要查询的居民和居民的其他信息；居民可以通过健康信息服务用例看到自己的居民档案和健康评估信息，并可以根据自己的健康情况咨询相应的专家，还可以在网上直接预约医院。图 4.3.14 为健康信息服务用例图。

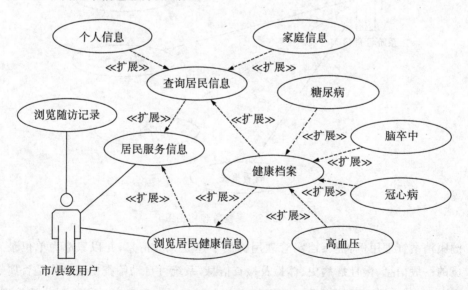

图 4.3.14　健康信息服务用例图

（2）静态模型（类模型）：系统静态模型是指系统的关系类图，一般是对需求分析过程中产生的领域模型的精细化。在健康管理系统中，为了清晰地抽取出系统的核心架构，

154

采取分层设计类图的方式。首先设计整个系统的类图,其次设计每个有子系统(包)的类图。健康管理系统的关系类图如图 4.3.15 所示。图 4.3.15 清楚显示了该系统主要有系统管理员、市级医疗机构、各区县医疗机构、乡镇卫生院、用户信息表等多个类。

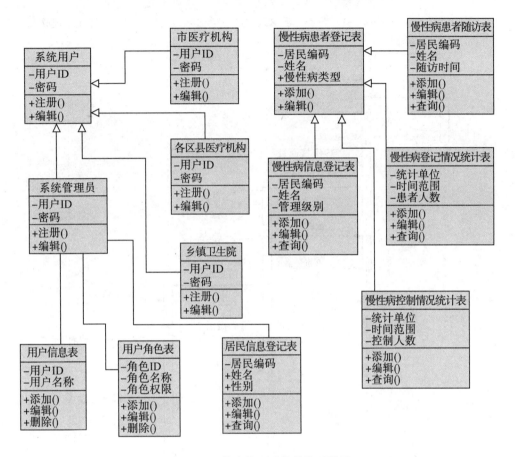

图 4.3.15　健康管理系统的关系类图

(3)协作视图模型:协作图是一种交互图,用于表示对象之间的关系,可以说明类操作中用到的参数和局部变量以及操作中类之间的关联。当实现一个行为时,消息标号对应程序中的嵌套调用结构和信号传递过程。图 4.3.16 为慢性病患者信息上报时序图,消息标号表示了各对象之间消息传递的顺序。

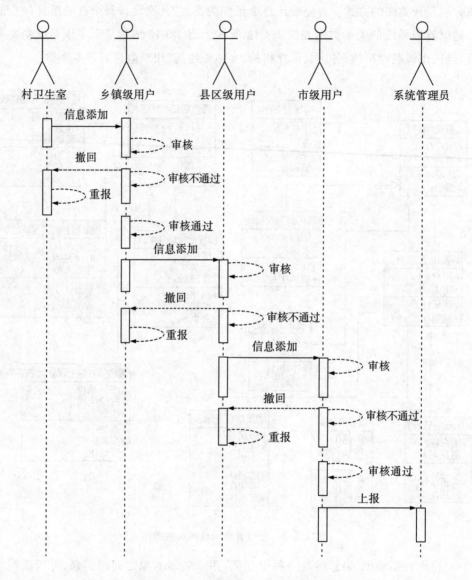

图 4.3.16　慢性病患者信息上报时序图

协作图与顺序图具有相同的作用,其区别在于图中元素的布局形式不同。协作图中的交互顺序使用消息的编号表示。慢性病患者信息上报协作图如图 4.3.17 所示。

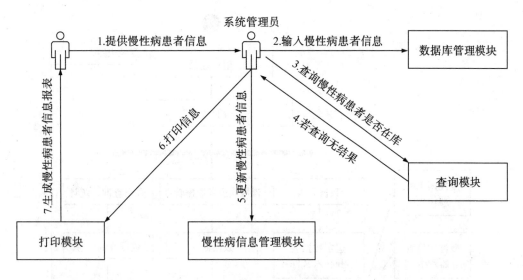

图 4.3.17 慢性患者信息上报协作图

(4)动态结构模型:一个完整的系统一定包含多个重要的动态行为,一个动态行为也可以存在多种不同的状态。居民健康档案管理活动图如图 4.3.18 所示。

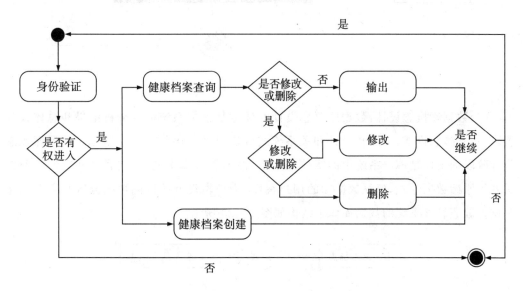

图 4.3.18 居民健康档案管理活动图

慢性病患者管理用于对慢性病患者信息进行管理,提供各种查询和统计分析。对已建立档案的患者可以直接转入慢性病管理数据库,形成登记表。慢性病管理数据库是慢性病患者信息统计模块业务的主要管理数据库。慢性病患者管理状态图如图 4.3.19所示。

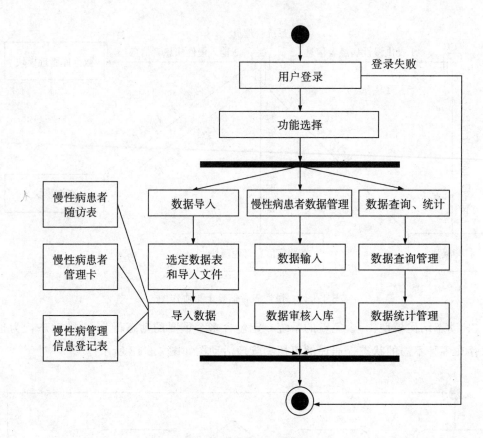

图 4.3.19　慢性病患者管理状态图

(4)数据库概念设计:数据库概念设计的任务是根据系统需求分析结果和总体设计要求,建立概念模式,为逻辑设计和关系模式确定以及程序编制提供基础。数据库概念设计阶段的工作是理出系统中的实体和关系,说明数据库中的实体、属性和它们之间的关系等原始数据形式,建立数据库的用户视图,为逻辑设计阶段的数据分解与合并奠定基础。健康管理系统的数据库体系结构如图 4.3.20 所示。

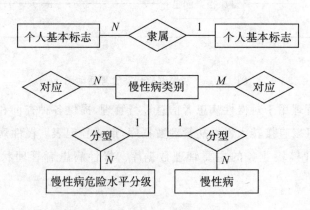

图 4.3.20　健康管理系统的数据库体系结构

(5)数据库逻辑设计:数据库逻辑设计需要将系统数据分解、合并后重新组织起来,形成全局逻辑结构,包括所确定的表格、字段、值域、关键字和属性、记录结构和索引结构、各个表格与字段之间的相互关系。数据库逻辑设计最为重要的部分是关系模式设计。健康管理系统的数据库关系模式设计如表 4.3.2 所示。

表 4.3.2　健康管理系统的数据库关系模式设计

表名称	描述
TBgrxxdj	居民个人信息登记表
TBjtxxdj	居民家庭信息登记表
TBmxbsf	慢性病患者随访表
TBmxbgl	慢性病患者管理卡
TBmxbxxdj	慢性病管理信息登记表
TBmxbhzdj	慢性病患者登记表
TBjtwtdj	居民家庭问题登记表
TBtjxx	居民体检信息表
TBgrwtdj	居民个人问题登记表
TBjkzxdj	居民健康专项登记表
TBsydjxx	慢性病首页登记信息表
TBgxyxx	高血压管理信息表
TBgwdxgy	高血压高危对象干预记录表
TBxyqsxx	居民血压趋势信息表
TBtnbxx	糖尿病管理信息表
TBtgwdxgy	糖尿病高危对象干预记录表
TBxtqsxx	血糖趋势信息表
TBgxbdc	冠心病患者个案调查表
TBnczdc	脑卒中患者个案调查表
TBzldc	肿瘤患者个案调查表
TBjkdatj	居民健康档案统计表
TBdjqktj	慢性病登记情况统计表
TBkzqktj	慢性病控制情况统计表
TBdajltj	慢性病患者档案建立情况统计表
TBzyfbtj	慢性病患者职业分布情况统计表
TBwxfctj	慢性病患者危险分层情况统计表

4.3.3 大学讨论班管理系统分析与设计

（1）需求分析：采用用例驱动的方法分析需求的主要任务是识别参与者和用例，并建立用例模型。用例模型主要由三个部分组成，分别为识别参与者、识别用例、确定事件流。

识别参与者：参与者是指与系统进行交互的任何人或物，包括人（不只是最终用户）、外部系统和其他机构。通过分析选课系统的功能需求，确定系统有以下三类参与者：①学生，即在系统中申请注册讨论班的人。②注册员，即完成验证注册信息的人或外部系统。③教授，即指导或协助讨论班和管理学生成绩的人。

识别用例：用例是一系列活动，描述真实世界中参与者与系统交互的方式。通过分析选课系统的功能需求，确定用例有注册讨论班、退出讨论班、参加讨论班、完成讨论班、通知学生计划改变、分发成绩单、输出收费计划表、输入成绩、指导讨论班、生成教学进度等。大学讨论班管理系统的用例图如图4.3.21所示。

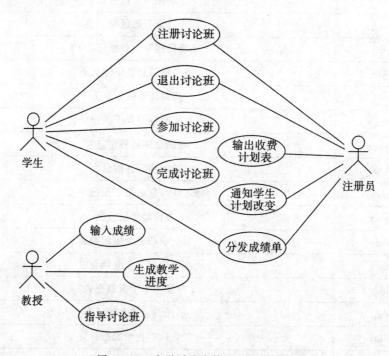

图 4.3.21 大学讨论班管理系统用例图

用例的事件流描述：用例还可以用事件流来描述，用例的事件流是对完成用例行为所需的事件的描述。事件流描述了系统应该做什么，而不是描述系统应该怎样做。

以下是"注册讨论班"用例的详细描述：

名称：注册讨论班。

描述:把有资格的某一学生注册到某个讨论班中。

前提条件:学生为在校大学生。

后置条件:如果学生具有注册资格,并且该讨论班仍有多余名额,则允许学生注册到该讨论班。

"注册讨论班"用例活动的基本过程描述如表 4.3.3 所示。

表 4.3.3　"注册讨论班"用例的基本过程描述

学生	注册员
1.学生想去注册讨论班	3.注册员确定该学生是否有资格在这所学校注册讨论班
2.学生向注册员提交其姓名和学号等信息	—
4.学生从可供选择的讨论班列表中,选出他希望注册的讨论班	5.注册员验证学生是否有资格注册这门课 6.注册员检验讨论班是否与学生已有的课程安排冲突 7.注册员根据讨论班目录中公布的费用、适用的学生费用和适用的税,计算出这门课的收费 8.注册员通知学生相关费用 9.注册员确认学生表示愿意注册该讨论班
10.学生表示愿意注册该讨论班 14.当学生得到确认信息时用例结束	11.注册员把学生注册到该讨论班 12.注册员把相应的费用加到学生账单中 13.注册员向学生提供已经注册成功的确认

"注册讨论班"事件流的描述如表 4.3.4 所示。

表 4.3.4　"注册讨论班"事件流的描述

候选过程	具体流程
候选过程 A:学生没有资格注册讨论班	A1.注册员确定学生没有资格注册讨论班
	A2.注册员通知学生,不具备注册资格
	A3.用例结束
候选过程 B:学生不具备注册讨论班所需要的必备条件	B1.注册员确定学生没有资格注册该讨论班
	B2.注册员通知学生,不具备注册该讨论班所需要的必备条件
	B3.注册员提示学生注册讨论班所需条件
	B4.用例活动从基本过程中的步骤 4 继续执行
候选过程 C:学生决定不注册讨论班(有讨论班可供其选择)	C1.学生查看讨论班列表,但没有找到想要注册的讨论班
	C2.用例结束

根据事件流描述,"注册讨论班"活动框图如图 4.3.22 所示。

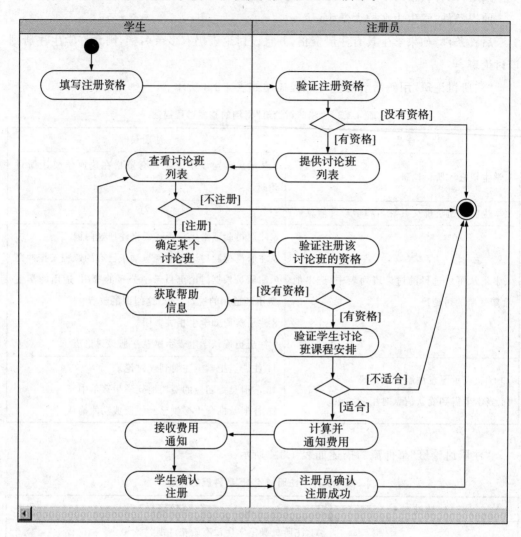

图 4.3.22 "注册讨论班"活动框图

(2)静态建模:进一步分析系统需求,发现类以及类之间的关系,确定它们的静态结构和动态行为,是面向对象分析的基本任务。系统的静态结构模型主要用类图和对象图描述。静态建模主要分为两步:①定义类;②确定类的名字、属性和操作,建立类图。

该系统主要有三种类型的类:①参与者类(actor class),代表出现在用例中的参与者。②用户界面类(user interface class),组成系统用户界面的屏幕显示、菜单和报表,即UI元素。③业务类(business class),描述业务的地点、物品、概念和事件。

静态建模用类模型表示概念模型,而建立概念模型的最简单方法是把领域模型作为设计基础。本系统采用类-职责-协作(CRC)模型,并把它直接转换成类图。系统 CRC 模型如图 4.3.23 所示。

162

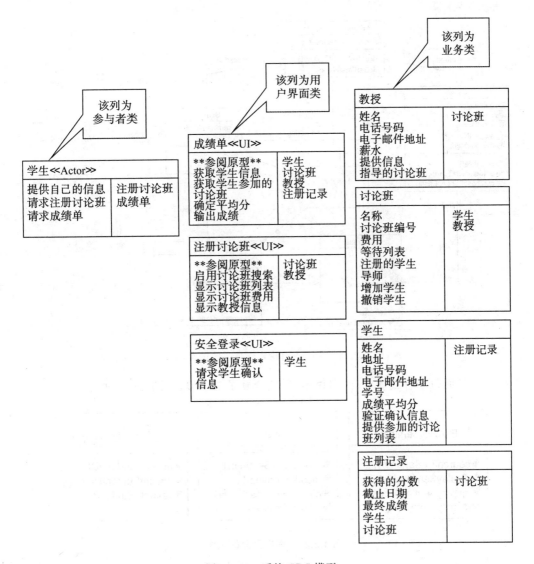

图 4.3.23　系统 CRC 模型

　　确定系统中的类后,还要明确类间的关系(如关联、聚合、组合、类属、依赖、实现关系等),然后就可以建立类图了。

　　在处理复杂问题时,通常使用分类的方法来有效地降低问题的复杂性。在面向对象建模过程中,也可以采用同样的方法将客观世界的实体映射为对象,并归纳成类。类、对象及它们之间的关系是面向对象技术中最基本的元素。类图是面向对象系统设计最常用的图,描述了类集、接口集、协作及它们之间的关系。大学生讨论班管理系统的类间关系如图 4.3.24 所示。

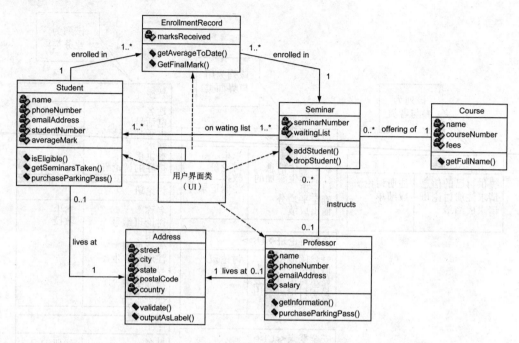

图 4.3.24　大学生讨论班管理系统的类间关系

用户界面包中有成绩单、注册讨论班、安全登录三个类,如图4.3.25所示。

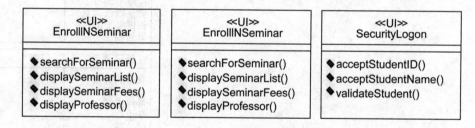

图 4.3.25　用户界面的包设计

(3)动态建模:动态模型描绘了参与每个用例的对象之间的交互。开发动态模型的起点是确定用例以及在对象构建期间明确对象。面向对象开发技术通常使用协作图来描绘满足用例需要的对象间消息通信,针对单个类实例的行为,用状态图描绘该类状态的改变。

状态图:主要用于描述一个对象在其生存期间的动态行为。大学生讨论班管理系统的状态图如图 4.3.26 所示。

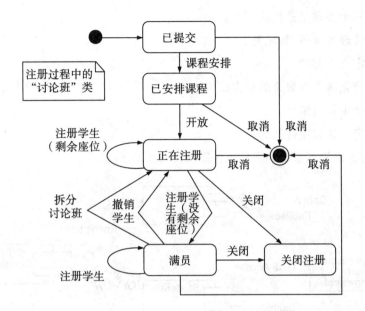

图 4.3.26　大学生讨论班管理系统的状态图

协作图：协作图是描绘对象间交互的鸟瞰视图。大学生讨论班管理系统的协作图如图 4.3.27 所示。

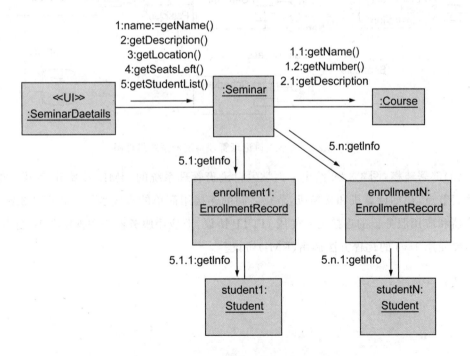

图 4.3.27　大学生讨论班管理系统的协作图

(4)组件建模：组件建模的目标是把系统内的类分布到更大的内聚组件中，重构传统的对象设计，以便将其作为组件进行部署。为了能够把对象设计组件化，需要执行五个

步骤,通常这五个步骤是迭代执行的:

第一步:处理非业务/领域类。

第二步:定义类契约。

第三步:简化继承与聚合的层次结构。

第四步:确定领域组件。

第五步:定义领域组件契约。

大学生讨论班管理系统的系统组件图如图 4.3.28 所示。

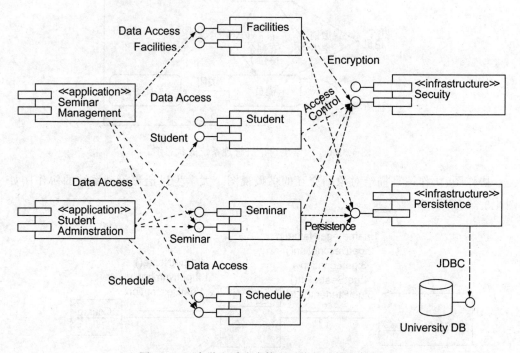

图 4.3.28　大学生讨论班管理系统的系统组件图

(5)部署建模:图 4.3.29 给出了大学生讨论班管理系统的 UML 部署图,其用三维方框代表节点,比如计算机和交换机,节点之间的连接用简单的直线表示。在图 4.3.29 中,浏览器和应用服务器的连接需要使用 HTTP 协议,而应用服务器与数据服务器之间的连接需要使用 Java 的远程方法调用(RMI)协议。

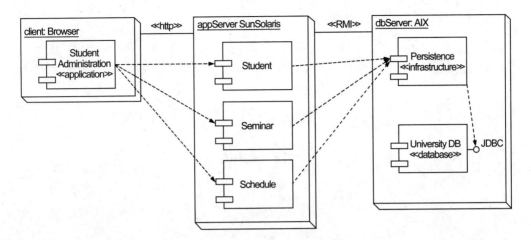

图 4.3.29　大学生讨论班管理系统的 UML 部署图

参考文献

[1]蒂莫西·A.巴德.面向对象编程导论[M].黄明军,李桂杰,译.北京:机械工业出版社,2003.

[2]马特·魏斯费尔德.面向对象的思考过程[M].黄博文,冯冠军,张轲,译.北京:机械工业出版社,2021.

[3]布鲁斯·埃克尔.Java 编程思想[M].陈昊鹏,译.4 版.北京:机械工业出版社,2007.

[4]理查德·约翰逊鲍尔,马丁·卡琳.面向对象程序设计:C++语言描述[M].蔡宇辉,李军义,译.北京:机械工业出版社,2011.

[5]埃里克·伽马,理查德·赫尔姆,拉尔夫·约翰逊,等.设计模式:可复用面向对象软件的基础[M].李英军,马晓星,蔡敏,等译.北京:机械工业出版社,2000.

[6]埃里克·弗里曼,伊丽莎白·罗布森.Head First 设计模式[M].UML China 译.北京:中国电力出版社,2007.

[7]格雷迪·布奇,罗伯特·A.马克西,迈克尔·W.恩格尔,等.面向对象分析与设计[M].王海鹏,潘加宇,译.北京:电子工业出版社,2016.

[8]于树强.居民健康和慢性病管理信息系统设计与实现[D].济南:山东大学,2011.

[9] W3CSchool. UML 教程[EB/OL].(2020-10-15)[2022-5-29]. https://www.w3cschool.cn/uml_tutorial/.

[10]Tutorialspoin.Design Patterns in Java Tutorial[EB/OL].[2022-5-29]. https://www.tutorialspoint.com/design_pattern/index.htm.

[11]Simple-Coder.Design Pattern Repository[EB/OL].(2020-4-5)[2022-6-17]. https://github.com/Simple-Coder/design-pattern/commit/397b668c76032a8b4f01d733cfb3cd2bcdcb6282.

[12]Refactoring Guru.设计模式[EB/OL].[2022-6-17].https://refactoringguru.cn/design-patterns.

[13]碎冰.面向接口编程详解[EB/OL].(2017-06-29)[2022-6-17].https://www.cnblogs.com/iceb/p/7093884.html.